KB074142

과학사의 뒷얘기 1

화학

A. 섯클리프 · A. P. D. 섯클리프 지음
박택규 옮김

전파과학사

머리말

저자 중 한 사람은 젊어서 케임브리지에서 과학교사로 있을 때 과학과 기술의 역사로부터 이상한 사건이나 뜻밖의 발견을 한 이야기를 모아보려고 결심했다. 이런 이야기를 모으면 수업의 내용이 풍부해질 것이고 학생들도 재미있어 할 것이라 생각했기 때문이다.

이리하여 틈나는 대로 이야기를 모으는 즐거움이 시작되어 그로부터 44년 동안 즐겁게 계속되었다. 이렇게 모은 이야기가 다른 사람들에게도 마찬가지로 즐거움을 줄 것을 바라면서 아들의 도움을 받아 출판 준비를 진행했던 것이다.

이런 정보를 모으기 위해서는 여러 가지 종류와 형태의 자료를 참조해야 했다. 저서를 이용하도록 허락해 준 여러 저자에게 감사의 뜻을 표하고 싶다.

삽화는 이 책에 흥미를 더해주는데 이는 로버트 한트의 노작이다. 친절한데다 정확성과 예술가로서의 기술을 결합해주었다.

많은 자료를 번역해준 G. H. 프랭클린, 타자 원고를 읽어 준 L. R. 미들턴, J. 해럿, A. H. 브리그스 박사, R. D. 헤이 박사, M. 리프먼 등 많은 동료와 친구들에게 감사의 인사를 드리는 바이다.

또한 R. A. 얀의 건설적인 비평은 특히 참고가 되었다. 인쇄 직전단계에서는 케임브리지 출판부의 많은 이들로부터 유익한 시사(示唆)와 정정(訂正)을 받았다.

A. 셧클리프 · A. P. D. 셧클리프

차례

6

1. 유리를 만드는 기술

페니키아인의 유리 발견의 전설

유리는 천연적으로 산출되는 것은 아니지만, 적어도 3~4천
년 전부터 인간이 사용해 왔다.

서력기원이 시작되기 훨씬 이전에 유리는 성서에서 말하는
가나안 땅에서 만들어졌으며, 생산의 중심은 시돈(Sidon)*이라
는 마을이었다.

로마의 박물학자 플리니우스(Plinius, A.D. 23~79)는 가나안을
페니키아(Phoenicia)라고 불렀는데, 이곳은 시리아의 지중해 연
안에 위치하고 고대에 번영한 지방이다. 카르멜(Karmel)산 근처
의 늪에서 시작되는 벨루스 강은 고작 8㎞ 밖에 안 되는 짧은
수로를 천천히 흐르는데, 페니키아 지방을 비옥하게 만들면서
지중해로 흘러간다. 이 강은 많은 토사를 나르고 이것이 하구
에 가라앉아서 너비 1㎞도 되지 않는 좁고 긴 모래톱(砂州)을
만들고 있었다.

밀물과 썰물의 바닷물이 끊임없이 모래를 씻기 때문에 불순
물은 대부분 녹아서 흘러내려가 버리고, 흰 모래만이 남아서
햇볕을 받아 은처럼 눈부시게 반짝인다. 가늘고 긴 모래톱이
페니키아인이 우연히 유리를 만드는 방법을 발견하는 무대가
되었다.

페니키아인은 부지런한 민족으로서 일부 남자들은 상인이 되
어 그 당시에 알려진 세계 도처의 바다로 나아가 각지에서 자
기들이 만든 물건을 원료와 바꾸는 물물교환을 했다. 예를 들

---

* 시돈: 고대 페니키아의 상업 도시 국가

어 그들은 고대 영국을 찾아가 직물과 교환해서 콘월(Cornwall)에서 채굴한 주석을 손에 넣을 수 있었다. 가까운 이집트에도 자주 드나들어 천연 소다를 배에 싣고 돌아왔다. 천연 소다는 오늘날로 말하면 탄산나트륨(세탁 소다)에 소량의 탄산수소나트륨, 식염, 그 밖의 불순물이 섞여 있는 것이다. 천연 소다는 이집트 소금 호수의 기슭에서 대량으로 산출되어 옷감이나 천 등의 세탁에 사용되었다. 당시에는 아직 비누가 알려져 있지 않았다. 또한 이집트인은 시체를 미라로 보존할 때도 방부제로서 천연 소다를 사용하였다.

유리의 우연한 발견에 관한 이야기는 플리니우스가 「박물지(博物誌, Natural History)」 속에서 언급하고 있다. 이 책에 따르면 천연 소다를 실은 한 척의 배가 페니키아로 돌아왔고, 선원들은 벨로스 강 근처의 좁고 긴 모래톱에 상륙하여 식사 준비에 들어갔는데 이 해안은 모래뿐이어서 냄비를 얹어 놓을 돌이 하나도 없었다. 선원들은 할 수 없이 배에서 소다 덩어리를 몇 개 가져와서 그 위에 냄비를 얹었다. 모닥불을 활활 피우고 있는 동안 그들은 이상한 것을 보고 매우 놀랐다.

『본 적조차 없었던 투명한 액체가 흘러나오는 것이었다. 그것은 불의 열기가 소다와 모래에 작용해서 생긴 것이었다. 이 투명한 액체는 녹은 유리였던 것이다』

이리하여 소다와 모래를 섞고 가열하여 유리를 만드는 방법이 발견된 것이다. 연구의 재간이 풍부하고 손재주가 뛰어났던 페니키아인들은 이 방법을 한층 더 개량해서 드디어 여러 가지 유리제품을 만들기에 이르렀다. 이때 최초로 만든 것은 대부분 색을 띤 장식용 구슬로서, 페니키아의 상인들은 인접국의 미개

불더미 속에서 녹은 유리가 흘러나왔다

한 사람들에게 비드(Bead)라 불리는 이 구슬과 교환해서 자신
들이 필요로 하는 재료를 손에 넣을 수가 있었다.

　이러한 유리 발견의 이야기가 사실인지를 규명하기 위해서
많은 사람이 의견을 말해왔다. 이 이야기에는 유리를 만들려고
할 때 꼭 필요한 것(탄산나트륨과 모래와 열)이 올바르게 갖추어
져 있다. 벨로스 강 하구에 가까이 있는 어느 특별한 모래톱의
모래는 이 목적에 안성맞춤인 종류의 모래로서 그 후 실제로
몇 세기에 걸쳐서 유리 제조에 사용되어 왔다. 그러나 많은 저
술가는 해안의 모래벌판에서 단지 모닥불을 피워서 어떻게 소
다와 모래가 녹아 액체가 만들어질 만한 높은 온도를 얻을 수
있는지를 의심한다.

14

유리가 만들어지는 데 필요한 온도는 주로 모래와 소다를 섞는 비율에 따라 결정된다. 최근의 실험에 의하면 집 밖에서 나무를 2시간 정도 계속 태우면 웬만한 유리의 원료혼합물을 끓여 녹일 수 있을 만큼의 고온에 이르는 것이 밝혀졌다. 물론 페니키아 선원들의 모닥불이 이 실험에서의 불과 같은 정도로 많은 열을 발생시켰다는 증거는 없다. 그러나 이때 발생한 열로써 적어도 혼합물의 표면만이라도 유리와 같이 반짝이는 것이 생길 수 있다. 현명한 페니키아인이 이것에서 힌트를 얻어서 소다와 모래를 섞은 것을 특별히 만든 화덕(爐) 속에서 고온으로 가열하여 반짝반짝 빛나는 새로운 물질을 만들어 낼 생각을 해냈다는 것도 쉽게 짐작할 만하다.

유리는 누가 처음 만들었을까?

유리의 발견에 관해서는 다음과 같은 여러 가지 다른 이야기도 존재한다. 여기에서는 모닥불을 뛰어넘은 매우 뜨거운 불이 등장한다.

『어떤 사람에 의하면 이스라엘 어린이들이 숲에 불을 질렀을 때 불이 너무 세차게 일어 초석과 모래가 그 열 때문에 녹아서 언덕의 경사 빗면에 흘러내렸다고 한다. 그 후 그들은 이렇게 우연히 만들어진 유리를 인공적으로 만들어 내려고 애썼다』

이 글을 쓴 사람은 소다 혹은 화학적으로 소다와 비슷한 알칼리성 물질을 일괄해서 초석이라 부르고 있다. 페니키아 사람이건 이스라엘 사람이건 혹은 양쪽 사람들이 지금까지 언급한 바와 같이 우연한 계기로 독자적으로 유리를 만드는 방법을 발견했을 가능성을 전적으로 부정할 수만은 없다. 단지 이스라엘

인들에 관한 이야기는 그 배경이 될 만한 증거가 전혀 없다는
것이다.

그러나 어느 쪽에 의해서건 이들이 유리를 만드는 방법을 알
아내기 훨씬 이전에 고대 이집트인이 그 방법을 알고 있었다는
것에는 뚜렷한 증거들이 있다. 왜냐하면 페니키아인이 유리제
품을 만들기 시작한 것보다 앞서 몇 백 년 전에 만들어진 유리
제품이 이집트에서 발견되었기 때문이다. 고대 민족의 역사를
연구하는 고고학자(考古學者) 중에는 도자기에 유약(釉藥)*을 바
르는 기술에서 유리를 만드는 방법이 점점 발달했다고 생각하
는 사람도 있다. 이집트의 도자기 유약은 화학적으로는 유리와
거의 비슷하기 때문이다. 그들은 또한 이집트에서 시작된 이
방법이 페니키아나 그 밖의 나라들에 전해졌다고 믿는다.

따라서 유리가 언제 어디에서 처음 만들어졌느냐는 문제는
아직 해결되지 않았다. 그러나 예수가 살아있었을 때, 로마를
통치한 티베리우스 황제(Tiberius, 재위 14~37) 시대에는 유리제
품의 제조에 있어서 이집트인이 고도로 숙련되어 있었다는 사
실에는 의심할 여지가 없다. 그 이전의 몇 세기 동안 이집트인
은 유리를 수출할 만큼 대량으로 생산하여 비싼 값으로 팔았다.

티베리우스는 이집트의 숙련된 장인(匠人)들을 설득해서 로마
로 데려왔고, 로마에 유리공장을 세워 로마의 장인들에게 기술
을 가르치도록 했다. 이 계획은 크게 성공했으며 네로 황제 시
대(65년)에 로마의 유리 제조가는 이집트인의 기술을 능가해서

---

* 주로 도토(陶土), 석영, 장석에 탄산칼륨, 석회석 등을 가해서 분해하여
물로 반죽한 것으로서 여기에 초벌구이한 자기(磁器)를 적신 다음 구어서
도자기를 만든다. 즉 도자기의 표면에 덧 씌워서 광택과 무늬를 아름답게
하는 것이다.

모자이크나 유리 식기 따위를 만들게 되었다. 예를 들어 네로 황제는 오늘날 5만 파운드 이상에 해당하는 유리 술병 두 개를 주문했다고 전해진다.

「깨지지 않는 유리」를 둘러싸고

티베리우스의 통치 중에 어떤 사나이는 두들겨도 보통의 유리처럼 산산조각으로 깨어지지 않고, 단지 오목하게 들어가기만 하는 새로운 유리를 만드는 방법을 발견했다고 한다. 그는 이 유리를 가지고 아름다운 컵을 하나 만들었다. 이후 티베리우스가 유리 만드는 데 대단히 흥미를 나타내는 것을 떠올리고 황제의 환심을 사기 위해서 이 컵을 바치기로 작정하였다.

옛 이야기에는 흔히 있는 일이지만 이 이야기도 용의주도한 점에서는 어느 정도 비슷하다. 어느 고대의 저술가에 의하면 이 사나이는 이전에 티베리우스에 의해서 로마로부터 추방된 건축가였다고 한다.

건축가는 추방되어 살던 시골집에서 깨어지지 않는 유리를 만드는 방법을 발견하여 이 유리를 가지고 술병을 만들었다.

거기서 그는 이렇게 생각했다—티베리우스가 새로운 진귀한 선물을 받는다면 반드시 그는 자기의 죄를 용서하고 추방령을 철회할 뿐 아니라 상당한 상을 내릴 것이다라고.

역사가 플리니우스는 이 놀랄만한 발견에 대해 겨우 몇 줄만 언급했을 뿐이다.

『티베리우스의 시대에 깨어지지 않고 구부러지기만 하는 유리를 만드는 조합법(調合法)이 고안되었다고 한다. 그러나 구리나 은 또는 금값이 떨어지는 것을 방지하기 위해서 이것을 고안한 장인의 일터

황제 티베리우스의 면전에서 장인은 유리컵을 땅바닥에 내던졌다

는 흔적도 없이 파괴되었다고 한다. 이 보고는 훨씬 옛날부터 널리
유포되어 있던 것일 뿐 그 진위여부는 확실하지 않다』

　다른 저술가는 좀 더 자세한 설명을 하고 있다.

　『어떤 로마의 장인이 깨어지지 않는 유리컵을 만드는 방법을 발견
하여 황제의 총애를 얻으려고 그것을 황제에게 헌납했다. 이 컵은
황제가 갖고 있던, 금으로 된 어느 컵보다도 훌륭하게 보였으므로

크게 칭찬을 받았다』

『장인은 뽐내면서 티베리우스에게 컵을 건넸으나 황제가 찬찬히 살펴보고 있는 도중에 이것을 도로 빼앗아 땅에 힘껏 내던졌다. 깜짝 놀란 황제가 장인의 컵을 다시 집어 들었을 때 이곳에 있던 모든 사람은 그것이 마치 청동(靑桐) 그릇처럼 오므라들기만 한 것을 보았다. 다음에 장인은 주머니에서 자그마한 쇠망치를 꺼내서 오므라진 부분을 펴내 솜씨 있게 본래의 모양으로 되돌려 놓았다. 이 일이 끝났을 때, 그는 '하늘로 올라갈 듯한' 기분이었다』

『황제가 '그대 말고 누가 이런 유리를 만드는 방법을 알고 있는가?' 하고 물었을 때 그는 더욱 기고만장하여 '저 말고는 아무도 없습니다'라고 대답하자, 티베리우스는 곧 그의 목을 치라고 명령했다. 만약에 이 비밀이 알려지면 '우리들은 이제 금을 쓰레기 정도로밖에 생각하지 않을 것이기' 때문이었다』

이러한 기록에는 티베리우스와 거의 같은 시대에 살고 있었던 사람이 쓴 글도 있으므로 처음부터 '믿을 수 없다'고 할 수만은 없다. 그러나 깨어지지 않는 유리는 그 후 몇 세기 동안 상업적으로 그 모습을 보여준 일이 없었다. 황제에게 바쳐진 컵은 유리가 아니라 투명한 수지(樹脂)로 만든 것이었을지도 모른다는 추측도 있다. 수지였다면 보기에는 유리와 똑같으나 부서지지 않으므로 두들겨도 깨어지지는 않았을 것이다.

2000년 전을 전후해서 깨어지지 않는 유리가 발견되었다고 말하는 사람이 몇 명 있다. 그런 주장 중에 한 가지 특별히 재미있는 내용이 있는데, 당시 발명자도 티베리우스 시대의 불행한 장인과 마찬가지로 기대했던 상을 받지 못했다고 한다. 이 발견은 프랑스 왕 루이 13세(Lousi Ⅷ, 재위 1610~1643) 시대에 이루어졌다고 한다.

발명자는 새로운 유리로 흉상(胸像)을 한 개 만들어 추기경(樞機卿) 리슐리외(Richelieu, 1585~1642)에게 바쳤다. 리슐리외는 프랑스 역사상 가장 강력한 권력을 장악했던 정치가 중 한 사람으로서 이름만 왕이 아니었을 뿐 사실상 프랑스의 진짜 지배자였다.

리슐리외의 반응은 황제 티베리우스의 그것과 비슷했다. 발명자가 기대했던 상을 주기는커녕 그에게 종신금고형을 선고했던 것이다. 왜냐하면 깨어지지 않는 이 새로운 유리가 널리 쓰이게 되면 프랑스의 유리 제조업자는 장사가 안 될 것이라고 판단하여 두려워했기 때문이다. 따라서 새로운 종류의 유리를 만드는 비밀의 방법은 설사 실제로 존재했었다 하더라도 영원히 어둠 속에 파묻혀 버렸을 것이다.

안전유리의 발명

이러한 이유로 깨어지지 않는 유리의 발견이라고 소문이 났던 그 어떤 것에서도 가치 있는 결과는 생기지 않았다. 그런데 20세기에 들어와서 드디어 프랑스의 과학자 에두아르 베네딕투스(Edouard Benedictus)가 우연히 심각한 자동차 사고를 목격했다.

자동차의 창유리가 박살이 나서 산산조각으로 흩어지고, 차에 타고 있던 부인은 이 때문에 크게 다쳤다. 이 사고를 보고 그는 몇 년 전에 셀룰로이드라는 물질 때문에 일어난 조그마한 재난을 회상했다.

당시 셀룰로이드는 칼자루, 빗, 피아노의 키, 그밖에 다른 여러 물건을 만드는 데 널리 쓰였고, 상아나 뼈의 값싼 대용품이 되고 있었다(오늘날에는 거의 플라스틱 재료로 바뀌었다). 셀룰로이드는 알코올을 포함한 2~3가지 액체에 녹지만, 이러한 용제(溶劑)는 모두 쉽게 증발한다.

사고를 목격하기 전, 베네딕투스는 1888년 셀룰로이드의 용액을 사용한 한 가지 실험을 끝내고 용액을 플라스크에 넣어 실험실의 높은 선반 위에 놓아두었다.

1903년, 어느 날 그는 시험실을 정리하고 있었는데 그 플라스크는 그때까지도 선반 위에 놓여 있었다. 그가 플라스크를 내려놓으려고 했을 때 플라스크가 손에서 미끄러져 나가서 실험대에 부딪혀 깨어졌다.

베네딕투스는 유리가 산산조각이 나서 이 부서진 조각들이 사방으로 흩어지리라 생각했다. 그러나 놀랍게도 플라스크는 산산조각으로 깨뜨려졌으나 이 조각들이 풀로 붙인 것처럼 서로 다닥다닥 붙어 있지 않은가? 베네딕투스는 깨진 플라스크를 집어 들어 15년 전에 붙여놓았던 라벨을 읽었고, 이 플라스크에 셀룰로이드의 용액이 들어있었던 것을 기억해냈다.

15년 동안 액체는 완전히 증발해 버리고 플라스크의 안에는 얇은 셀룰로이드막이 붙어있었던 것이다. 깨진 플라스크를 진귀한 표본으로 여겨 보존하기로 하고 그것에 무엇이 들어있었고 어떤 일이 생겼다는 것을 기록해서 메모를 첨부했다. 베네딕투스는 자동차 사고를 목격했을 때 깨진 플라스크를 회상하였다. 새로운 아이디어가 떠오르자 곧장 실험실로 돌아왔다.

해질 무렵부터 다음날 정오 가까이까지 실험실에 들어앉아 있었다. 이때까지 안전유리를 만드는 방법을 고안하고 있었다.

방법은 이러했다. 유리판의 한쪽 면에 셀룰로이드 용액을 바르고 액체가 대부분 증발할 때까지 내버려둔다. 셀룰로이드가 끈적끈적해졌을 때, 위에 한 장의 유리판을 눌러 붙이고 이 '샌드위치' 셀룰로이드가 완전히 굳어질 때까지 그대로 둔다.

이렇게 한 면에 두 장의 유리판은 굳게 붙어버리고, 판이 깨어져도 조각들은 셀룰로이드의 막에 달라붙어 있게 된다. 이리하여 그는 자동차 사고가 났을 때 흩어져 날리는 유리 조각으로부터 부상을 막는 방법을 발견했다.

이 안전유리는 유리판 두 장과 그 사이에 셀룰로이드 막 한 개로 모두 세 개의 층으로 되어 있으므로 베네딕투스는 이것에 '트리플렉스(Triplex)'*라는 이름을 붙였다. 1909년 트리플렉스 제조법에 대한 특허를 얻었다.

유리로 만든 플라스크가 금이 가서 터졌던 일에서 베네딕투스가 트리플렉스를 만드는 아이디어를 얻은 것은 의심할 여지가 없다. 그러나 세 층으로 만든 안전유리의 특허를 얻은 것은 그가 처음은 아니었다. 1906년에 J. C. 우드(Wood)라는 영국인이 똑같은 아이디어를 착상하고 있었다. 단지 그는 베네딕투스가 사용한 셀룰로이드 대신에 캐나다 발삼(Canadian Balsam)이라 불리는 일종의 수지(樹脂)를 사용했다. 그러나 우드의 발명은 상업적으로는 성공하지 못했고, 베네딕투스의 안전유리는 나오자마자 날개 돋친 듯 팔렸다.

1909년 이후 안전유리의 제조법은 여러 가지로 개량되었다. 더욱이 새로운 접착제, 특히 플라스틱으로 만든 접착제가 셀룰로이드 대신 상용되기에 이르렀다.

---

* 트리플(Triple)은 세 겹이라는 뜻이다.

2. 한니발, 알프스를 녹이다

고대사에 그 이름을 떨친 장군 한니발(Hannibal, B.C. 247~
183)은 기원전 247년에 카르타고(Carthago)에서 태어났다. 카
르타고는 한때 70만의 인구를 가진 자랑스러운 고대 도시로서
그 지배는 아프리카의 북안(北岸) 끝에 미쳤고, 지중해의 여러
섬 대부분과 스페인의 한 식민지에까지 이르렀다.

기원전 264년부터 이 도시는 지중해 세계의 패권을 잡기 위
해 로마와 싸우는 세 번의 포에니(Poeni) 전쟁을 되풀이하였다.
결국 로마에 패망하여 기원전 146년 이 도시는 완전히 파괴되
었다. 주민은 대부분 살해되었거나 추방되었고, 건물은 불태워
졌으며 그 후 다시는 도시가 재건될 수 없도록 파헤쳐졌다.

한니발, 알프스를 넘다

한니발이 태어났을 당시 카르타고는 전성기였다. 그는 어릴
적부터 카르타고의 장군이었던 아버지에게서 전투 기술을 배워
익혔다. 아홉 살에 벌써 군대를 이끌고 스페인으로 원정을 떠
났으며, 출발에 앞서 아버지의 명령에 따라 로마에 맞서 죽을
때까지 증오심을 버리지 않고 계속 싸울 것을 맹세하였다. 그
는 이러한 맹세를 일생 동안 지켰다.

기원전 221년에 스페인군은 한니발을 스페인의 카르타고 영
지의 지배자로 선언했다. 한니발은 그의 명성을 떨치기 위한
계획에 착수했다. 기원전 218년, 이탈리아를 통해서 로마에 진
격할 준비를 거의 완료한 한니발은 9만의 보명, 1만 2천 필의
말, 37마리의 코끼리를 이끌고 출발하였다. 코끼리는 지금으로

말하면 밀집돌격 전술이라고도 할 수 있는 전법에 쓰기 위해서였다. 적군을 향해서 코끼리를 거세게 몰아갈 때, 코끼리들이 성이 나서 미친 듯이 치닫는 모습이란 참으로 무서운 것이다. 따라서 적의 장병들이 반드시 극도의 대혼란에 빠지게 될 것이라고 한니발은 믿었다.

한니발은 바닷길이나 기존의 육로로 진격해 가는 대신 스페인에서부터 프랑스의 남쪽을 가로질러 알프스의 산기슭을 향해서 군대를 진격시켰다. 그의 부하들은 대부분 따뜻한 아프리카에서 태어나고 자랐기 때문에 눈에 덮인 산들이 하늘을 찌를 듯이 솟아있는 것을 처음 보고 매우 놀랐다. 그러나 한니발은 당황하는 기색을 보이지 않고 산으로 올라가라고 명령했다.

군대가 산허리를 올라가는 도중에 알프스의 낮은 지대에 사는 주민들로부터 여러 번 습격을 당했는데, 이들 주민은 눈, 얼음, 서리를 아랑곳 하지 않고 잘 보이지 않는 곳에 매복하여 있다가 대열에서 낙오하는 병사를 발견하는 대로 모조리 사살해 버렸다. 장병들은 9일간을 계속해서 올라가서야 겨우 정상에 도착하여 쉬게 되었으나 이미 지쳐서 풀이 죽어 있었다. 한니발은 부하들의 사기를 북돋아 줘야겠다고 판단하고 지휘관들을 집합시켰다. 이탈리아의 평원은 바로 눈 아래에 마치 지도를 보는 것처럼 널찍하게 가로 펼쳐져 있고 산기슭에는 풍성하게 곡식이 영근 광대한 밭이 뚜렷이 내려다 보였다. 한니발은 손가락으로 평원을 가리키면서 말했다.

『지금까지는 몹시도 고통스러웠다. 그러나 이제 내려가는 길은 쉽다. 저기에 바로 이탈리아가 있다. 그 너머는 적지인 로마이다. 한 두 차례 싸우기만 하면 모두 우리들 손아귀에 들어올 것이다』

뜨거운 암석을 초산이 녹였다

그러나 한니발의 기대처럼 쉽게 되지는 않았다. 내리막길은 지금까지 억지로 버티며 올라왔던 길보다도 더 험난한 것이었다.

반대쪽 비탈을 내려가는 좁은 길은 눈과 얼음으로 이미 막혀 있었다. 길조차 찾을 수 없는 곳도 많았다. 발을 헛디딘 군인들은 비탈의 낭떠러지로 떨어져 처참하게 죽어 갔다. 이윽고 군인들은 길이 몹시 좁아진 곳에 다다랐는데 여기는 떨어진 돌로 완전히 막혀 있었다. 위아래를 살펴보아도 돌아갈 만한 길이라 고는 없었다. 주위는 온통 눈과 얼음으로 두껍게 덮여 있었다. 굴러 떨어진 바위에 구멍을 뚫고 지나가지 않는 한 다른 방법은 없었다. 그대로 엉거주춤 머뭇거리고 있는 동안 해는 기울어 전군(全軍)은 할 수 없이 그곳에서 야영을 하게 되었다.

이튿날 아침 일찍 한니발은 부하에게 명령하여 근처에 있는 큰 나무를 넘어뜨리게 했다. 나무를 떨어진 바위가 있는 곳까지 끌어와서 바위 주위에 가득 쌓아 올렸다. 세찬 바람이 불어오기를 기다려 나무에 불을 질렀다. 불길이 활활 타올라 바위는 매우 뜨겁게 달구어졌는데, 여기에다 초산을 뿌렸더니 바위는 「녹아서」 부서졌다. 이리하여 군인들은 함성을 지르며 철제 도구를 사용하여 부서진 바위 조각들을 떨어뜨려내고 간신히 통로를 틀 수 있었다.

내려가는 길은 겨우 열렸으나 군인들은 비참한 상태에 놓여 있었다. 식량은 부족했고, 말에게 먹일 음료가 거의 없어졌으며, 산에 있는 약간의 풀마저 눈 속에 파묻혀 버리고 없었다.

그러나 한니발은 더욱 더 강인하게 진군하였다. 그리하여 간신히 이탈리아 쪽 알프스 산기슭에 도착하였다. 그것은 15일에 걸친 험난한 강행군이었다. 그로부터 약 2000년 후에 또 한 사람의 명장인 나폴레옹이 비슷한 참담한 행군을 시도했지만 이때의 진군로는 보다 짧아서 쉬웠다.

한니발 부대의 손실은 엄청났다. 수천 명의 병사가 산 속에서 죽어갔고 식량이나 군수품의 대부분을 잃어버렸다. 그러나 한니발은 절망하지 않았다. 며칠간의 휴식을 취하게 한 다음 그는 로마를 향해서 다시금 진군을 개시했다.

한니발은 초산을 사용했을까?

한니발이 알프스를 넘는 이야기에서 과학자가 가장 흥미를 느낀 것은 초산을 사용해서 바위를 녹였다고 하는 부분이다. 과연 초산을 사용했을까? 지난 200년 동안 이러한 일이 있을 수 있었는지 그 여부를 알기 위해서 재미있는 논쟁이 몇 가지 나왔다.

알프스를 넘는 것에 관해서 자세히 연구한 18세기의 어떤 과학자는 다음의 두 가지 조건이 충족되면 이 이야기를 사실로 인정해도 된다고 적었다. 하나는 한니발이 진군할 때 식초를 가지고 있었다는 것, 또 하나는 바위가 석회석이나 대리석이었다는 것이다.

식초는 로마 군인들이 마시는 음료 중 하나였다고 알려져 있다. 예를 들어 율리우스 카이사르(Julius Caesar, B.C. 100~44)는 진격할 때에 아주 진한 초산을 가지고 가서 다량의 물을 탄 다음 지쳐있는 군인들에게 마시게 했다.

식초를 마시면 기분이 상쾌해져서 일명 〈포스카(Posca)〉라고 불렸다. 카르타고 군인들도 같은 음료를 마셨을 가능성이 있다. 따라서 한니발이 행군할 때 진한 식초를 휴대하였다는 것은 충분히 있을 수 있는 일이라 하겠다.

『물로 묽게 한 식초를 음료로 제공한 예로서는 예수가 십자가에 못 박혀 매달렸을 때의 사건들이 널리 알려져 있다

식초는 기분을 상쾌하게 만드는 것인데 이 경우에는 일부러 맛이 쓴 오배자(五倍子) 또는 역시 쓴 히솝풀(버드나무 박하)을 가해서 효과

를 없애버렸다. 요한복음 19장 29절에 의하면 '식초가 가득 든 그릇이 있었다. 그들은 해면(海綿)에 식초를 듬뿍 적셔서 이것을 히솝*의 끝에 묻혀서 예수의 입에 거칠게 들이대었다.' 또한 마태복음 27장 34절에 의하면 '오배자를 섞은 식초를 예수에게 주어서 마시게 하려고 했다. 예수는 그것을 핥아본 다음에 아무리 해도 마시지 않으려고 했다.**」

그런데 예의 바위덩이가 떨어져 있었던 곳이 알프스의 어디쯤이었을까 하는 점에 있어서도 아무도 확실한 지점을 모른다. 어쩌면 그것은 세게 열을 가하면 생석회로 변하는 그런 바위, 즉 석회석이나 대리석만으로 된 장소였을지도 모른다.

식초는 초산을 포함하고, 초산은 석회석으로 된 바위를 녹여서 아세트산칼슘이라는 염을 만든다. 그러므로 떨어진 바위가 석회석이거나 대리석이었다면 한니발은 이 방법으로 바위를 깨뜨려서 통로를 뚫을 수 있었을지도 모른다. 그러나 엄청나게 많은 양의 식초가 필요했을 것이다.

한니발이 식초를 사용해서 바위를 깬 것을 기록한 사람은 리비우스(Titus Livius, B.C. 59~A.D. 17, 로마의 역사가, 저서「로마사」)인데, 이 방법을 기록한 것은 리비우스뿐만이 아니다. 플리니우스 역시 설사 바위를 불 속에 넣어 달구는 것만으로는 쪼개지지 않는다 해도, 이 뜨거운 바위에 찬 식초를 끼얹으면 갈라졌을 것이라고 기록하고 있다.

비트루비우스(Marcus Vitruvius Pollois, 기원 10년경에 활약한

---

* 히솝(Hyssop)은 옛날 약용으로 쓴 박하의 일종인 풀.
** 이때의 화학변화는 다음과 같은 반응식으로 나타낼 수 있다.

석회석($CaCO_3$) + 초산($2CH_3COOH$)

→ 초산칼슘(염)[$(CH_3COO)_2Ca$] + H_2O + CO_2

로마 건축가, 저서 『건축십서』)도 바위를 불로 달구어서 식초를 부으면 '바위는 산산조각으로 쪼개져서 녹을 것이다'라고 적었다.

그러나 폴리비우스(Polybius, B.C.205~125년경, 이탈리아 역사가, 저서 『역사』)는 한니발이 식초를 사용했다는 것을 말하고 있지 않다. 이것이 기록에서 빠진 것은 중요한 일이다. 폴리비우스는 한니발이 알프스를 넘은 일을 처음으로 기록한 사람이라는 점에서 뿐만 아니라, 이것을 특히 깊이 연구하여 당시 살아있던 많은 사람의 의견을 들었을 것이라는 점은 의심할 여지가 없기 때문이다(그는 이 진격이 있을 때 아직 태어나지 않았다).

이 진격으로부터 200년 뒤에 리비우스가 한니발이 식초를 사용했다는 것을 기록했는데, 이 사이에 식초 사용을 기록한 저술가는 아무도 없었던 것 같다. 리비우스의 다음 시대에 이 이야기를 기술한 저술가들은 리비우스의 기록을 확인도 하지 않고 그대로 인용했던 것으로 생각한다. 실제로 그 중에서 적어도 한 사람은 다음과 같이 과장해서 말하고 있다. '한니발은 구름을 찌를 듯이 솟아있는 큰 바위를 우선 활활 타오르는 불길 속에서 가열하고, 식초를 부어 이 큰 힘으로 녹인 다음 부수어 쓰러뜨렸다.'

물만으로도 바위는 갈라진다

고대인은 큰 바위를 깨뜨리는 또 하나의 방법을 알고 있었다. 바위를 세게 가열한 다음 찬물을 끼얹는 것이다. 이렇게 하면 바위에 가는 금이 생기므로 다음에 쐐기, 쇠 지렛대, 그 밖의 철제 연장을 사용해서 금이 간 부분을 넓히면 결국 바위는 쉽게 쪼개져 버린다.

그러므로 식초를 사용한다는 리비우스의 기록을 의심할만한 많은 이유가 있다. 떨어진 바위가 세계 가열하면 생석회로 변하는 종류의 것이었는지는 분명하지 않다. 더욱이 한니발이 행군할 때 식초를 휴대하고 있었다는 것은 충분히 생각할 수 있으나 이것이 큰 바위를 녹일 수 있을 만큼 충분하게 많았느냐는 의문이 남는다. 더구나 이 사건은 멀고 험난한 진군의 거의 최종단계에서 일어난 일이므로 더욱 믿기 어려웠다.

특히 믿기 어려운 것은 한니발이나 혹은 다른 장교 중 한 사람이라도 찬물과 열만으로도 바위가 쪼개진다는 사실을 전혀 알지 못했을까 하는 점이다. 주위에 물은 눈이나 얼음으로 얼마든지 있었을 텐데, 만약 이것을 알고 있었다면 식초를 낭비할 만큼 미련한 짓은 하지 않았을 것이 분명하다.

또한 알프스를 넘는 일이 있은 뒤로 200년이 지날 때까지 식초의 사용에 관한 기록이 하나도 없었다는 점이다. 군인들이 마시는 식초를 그와 같이 놀라운 방법으로 사용했다면 마땅히 군인들이 산에서 내려와서 그들의 숙소에서 몇 주 동안 서로 이것에 관한 이야기의 꽃을 피웠을 것이며, 그 이야기는 널리 퍼져나가 화젯거리가 되었을 것이다. 그리하여 이야기는 훗날에 다소의 과장도 가미되어 이야기를 좋아하는 노병들의 회고담의 재료가 되었을 것이 다. 만일 그랬다면 폴리비우스가 여기에 관해서 아무것도 들을 수 없었다는 것은 매우 기묘한 일로 생각된다.

만약 그가 이 이야기를 들었다면 마땅히 그런 이상한 일들을 그냥 넘겨 버리지는 않았을 것이며, 본인의 책에 자세하게 기술했을 것이 틀림없다. 다만 이 이야기가 거짓말임이 확실했다면 별개의 일이지만.

리비우스에게 주의 깊은 역사가라는 평판은 주어져 있지 않다. 그러므로 마지막으로 다음과 같은 이야기를 소개해서 독자들의 판단에 맡기고자 한다.

이탈리아 북부에서는 〈쇠로 만든 쐐기를 사용하여〉라는 의미를 예부터 'Acuto'라는 말로 사용했다고 한다. 이것은 〈식초〉를 의미하는 이탈리아어의 Aceto와 크게 다르지 않다.

사실은 군인들이 쇠로 만든 쐐기를 바위에 박아서 부쉈던 것인지도 모른다. 그리하여 이 이야기가 몇 년이라는 세월을 거쳐 이 입에서 저 입으로 전해지는 동안 누군가가 잘못 듣고서 어느 틈에 'Acuto'가 'Aceto'로 와전되었을 수도 있다.

리비우스가 책을 쓰기 위해 자료를 모을 때 이 유명한 사건과 관련해서 전해지는 'Aceto'라는 말을 귀에 담았다. 그는 다른 자료를 보며 이 정보를 검토하는 일을 전혀 생각하지도 않은 채 그대로 기록해 버렸다.

3. 클레오파트라, 진주를 녹이다

이집트 여왕 클레오파트라(Cleopatra, B.C. 69~30)는 역사상 가장 아름다운 여왕 중 한사람이었을 뿐만 아니라, 굉장한 매력과 뛰어난 재능, 막대한 재산을 갖고 있었다. 그녀는 자신을 위한 일이라면 주저 없이 그것들을 부리고 사용했다.

기원전 40년쯤 로마제국의 지배자였던 마르쿠스 안토니우스(Marcus Antonius, B.C. 약 82~30)는 그리스나 소아시아 군대를 동원하여 진군하고 주민들을 로마의 명령에 복종하도록 명령했다. 이 원정 동안에 안토니우스는 클레오파트라가 자신의 적을 도운 것을 알고는 그녀에게 강경하게 사죄를 요구했다. 여왕은 스스로 안토니우스를 방문해서 자신에게 따지려는 것에 답변하기로 결심했다. 클레오파트라가 본인 나름대로 자신의 매력과 미모와 부를 이용해서 안토니우스를 사랑에 빠뜨리고 자신에게 위험하지 않은 상대로 만들려고 계획한 것이다.

여왕은 호화로운 갈레선(船)*에 타고서 수많은 작은 배를 거느리고 위풍당당하게 대열을 지어 회견장소로 향했다. 왕실용의 갈레선에는 보랏빛의 고급 천으로 만든 돛을 달고, 배 둘레는 금으로 장식하였으며, 노는 은으로 만들었다. 플루트(Flute), 피리, 하프가 연주하는 음악이 강 위에 은은히 울려 퍼지고 노를 젓는 손들은 박자를 맞추어 노를 저어나갔다.

더없이 정교하게 만들어진, 금으로 수놓은 천막 안에 클레오파트라가 앉아 있었다. 클레오파트라는 사랑의 여신 비너스도 무색하리만큼 아름답게 꾸민 모습이었고 큐피드처럼 차려 입은

---
* 갈레(Galle)는 노예들에게 노를 젓게 해서 나아가는 고대의 대형 목선

미소년들이 곁에서 우아한 부채를 흐느적거리며 그녀에게 바람을 보내고 있었다. 바다의 요정처럼 옷을 차려 입은 아름다운 소녀들은 명주로 만든 밧줄로 돛을 조정하였다.

클레오파트라는 자신이 우위를 차지하기 위해서 안토니우스가 이 웅장한 광경을 보려고 스스로 나올 때까지 배 위에 그대로 머물러 있기로 했다. 그의 방문이 반드시 있으리라고 예측해서 화로에 향을 피웠고, 그 향기는 곧 강가에 모여든 군중 속으로 감돌며 퍼져나갔다. 어둠이 서서히 다가오자 돛대에 매달린 갖가지 모양의 작은 등불이 커졌고 형용할 수 없을 만큼 눈부시고 황홀한 광경이 벌어졌다.

안토니우스는 갈레선에 옮겨 타면 여왕을 단단히 심문하려고 했으나 곧 아름답고 매혹적인 여왕의 매력에 사로잡혀, 배 위에서 함께 식사하자는 여왕의 요구를 순순히 받아들였다. 이미 안토니우스를 위해 만반의 준비가 조심스럽게 마련되고 있었다. 식사를 하는 선실 마루에는 꽃이 두껍게 깔려 있었고, 의자나 벽은 보랏빛이나 금빛 수(繡)를 놓은 천으로 덮여 있었다. 식사는 반짝이는 보석으로 아로새긴 금 접시에 담겨 나왔다. 금으로 만든 술잔이나 보석도 사치스럽게 장식되어 있었고 음식은 진귀하고 값비싼 것뿐이었다. 안토니우스는 보는 것마다 정신을 빼앗겨 침이 마르도록 칭찬하였다.

클레오파트라는 능숙하게도 그녀가 안토니우스를 위하여 특별히 이렇게 마련한 것이 아니라 보통 이렇게 살고 있다고 믿게끔 행동하였다. 사실 이 정도의 생활을 평소에도 하고 있다는 것을 보여 주기 위해서 여왕은 연회에서 사용한 모든 것—의자, 금 접시, 보석으로 아로새긴 술잔—을 하나도 남기지 않고 안토니우스에게 선사했다. 그 다음 여왕은 안토니우스에게 조금 더 배에 머물러 파티를 즐기도록 권유했다. 안토니우스는 유혹을 도저히 물리칠 수 없었다. 그들은 춤을 추고 술잔을 나누면서 함께 즐거운 시간을 보냈다.

이렇게 호화로운 파티가 몇 번이고 거듭되었다. 안토니우스는 깊은 인상을 받고 '이런 연회에는 아마 막대한 비용이 들었을 테지요'하고 물었다. 클레오파트라는

'제게는 이 정도의 비용이란 아주 하찮은 것에 지나지 않아요.'

라고 대답하면서 안토니우스에게

'만약 제 자신이 정말로 호화로운 연회라고 여길만한 연회에 참석하고 싶으시다면 약 1만 세스테르치아(오늘날의 금액으로 환산하면 약 20만 파운드)가 드는 연회를 마련해서 초대하겠어요.'

라고 말했다.

안토니우스가 '설마, 아무려면 한 번의 연회에 그렇게 많은 돈을 소비할 수야 없겠지요' 라고 말했으나 클레오파트라는 '그렇다면 내일 만나 뵙기로 하셔요. 만약 그럴 수 있다면 어떻게 하시겠어요?' 하고 내기를 걸었다. 안토니우스는 이에 응하고 부하 장군인 플랑쿠스로 하여금 심판이 되라고 명했다.

다음날 안토니우스와 그의 부하 장군들은 또 다시 갈레선으로 건너왔다. 처음 얼마 동안은 이날의 연회가 전날의 연회에 비해서 별로 비용이 더 든 것처럼 보이지 않았다. 그러나 연회가 거의 끝날 때쯤 되어서 클레오파트라는 '지금까지의 연회비용이야 별로 대단한 것이 못 되어요. 지금부터 저 혼자서 1만 세스테르차아를 다 써버리는 것을 여러분들에게 보여 드리겠어

34

클레오파트라의 진주

요' 라고 호언했다.

여왕은 온몸에 보석을 치렁치렁 장식하고 있었는데 특히 양
쪽 귀에는 거대한 진주가 드리워져 있었다. 여왕은 술잔에 식초
를 담아오도록 명령했고 시종이 그것을 가져다 그녀 앞에 바치
자 여왕은 재빠르게 한쪽 귀에서 진주를 떼어 식초 속에 떨어
뜨렸다.

모두 깜짝 놀라 숨을 죽이면서 지켜보는 가운데 클레오파트
라는 이 물을 한 입에 쭉 마셔버렸다. 그리고는 계속해서 또
한쪽 귀에서 진주를 떼어냈다. 이때 내기의 심판 플랑쿠스는

당황해서 여왕의 행동을 가로막으며 '승부는 이미 끝났습니다. 내기는 여왕의 승리요' 라고 선언했다.

이 진주와 식초 이야기는 플리니우스가 기록에 남겼으며 일반적으로 사실로 받아들여지고 있다. 같은 내용의 사건은 다른 곳에도 기록되어 있다.

예를 들어 로마인인 클라우디우스라는 아버지(저술가인 아에소푸스)에게 막대한 유산을 물려받아 방탕한 생활을 즐겼다. 그는 클레오파트라가 한 것처럼 내기에 이기기 위해서가 아니라 진주가 어떤 맛인지를 알기 위해서 값비싼 진주를 식초에 녹여보겠다고 호언장담했다.

그는 실제로 이렇게 했으며, 이 음료가 굉장히 맛있었기 때문에 손님 한 사람 한 사람에게도 진주를 고루 나눠주고 다 같이 마시게 했다고 한다.

진주는 식초에 녹는가?

클레오파트라와 진주 이야기를 적은 플리니우스는 약 처방에 관해서도 많은 이야기를 썼다. 그 중 하나로 통풍을 고치는 약이 있었다. 작고 값어치가 없는 거의 진주를 식초에 녹여서 만든 것인데 반드시 진주를 먼저 가루로 잘게 빻은 다음에 식초에 녹였다.

진주에서 얻어지는 가루는 주로 탄산칼슘으로 되어 있고 이것은 식초를 포함한 모든 산에 녹는다. 그 밖에 식초에 녹지 않은 석회분도 조금은 포함하고 있다. 그러나 낱알 그대로의 진주는 표피에 싸여 있고, 이 표피는 마셔도 해를 주지 않을 정도의 약한 식초에서는 순식간에 녹지 않는다.

그러므로 클레오파트라가 식초 속에 진주를 넣었을 때 그녀가 바란 대로 쉽게 녹았다는 것은 믿기 어렵다.

이 일의 진실을 그럴듯하게 설명하는 기록이 몇몇 자료에 나와 있다.

그 하나는 당시 화학 지식이 풍부하던 클레오파트라가 진주를 녹일 수 있는 어떤 물질을 연회가 시작되기 전에 미리 식초 속에 타놓았을지도 모른다. 그러나 이 설을 주장한 사람은 그 물질이 무엇인지에 대해서 말하지 않고 있다.

또 하나의 시사에 의하면 클레오파트라가 흰색의 석회로 만든 가짜 진주를 만들어 몸에 지니고 있다가 진짜 진주를 식초에 녹인 것처럼 교묘하게 속였던 것이라고도 한다. 그러나 이러한 행동은 아무래도 여왕의 성품으로 미루어 보아 어울리지 않는다.

또 하나의 가능성은 여왕이 진짜 진주를 식초에 넣고서는 정말로 녹인 척하면서 식초와 함께 알맹이를 통째로 삼킨 것이 아닌가 하는 것이다. 클레오파트라의 진주 이야기는 너무나 많은 저술가가 다루고 있으므로 문자 그대로 지어낸 이야기라고 하기는 어렵다. 실제로 어떤 저술가는 그때 클레오파트라에게 남은 또 하나의 진주의 후일담(後日譚)까지 써놓고 있다. 이에 따르면 진주는 로마로 가져가 두 개로 잘라서 비너스상의 귀걸이로 사용했다고 한다.

토머스 그레셤과 진주

이것과 매우 비슷하게, 식초나 포도주에 진주를 녹인 이야기가 엘리자베스 시대에 믿을 수 없을 만큼 엄청난 부자였던 귀

토머스 그레셤과 진주

족 토머스 그레셤*에 관한 이야기 속에 있다.

　1564년 그레셤은 런던에 큰 건물을 지어서 상인들이 기분 좋게 장사를 할 수 있도록 해 주었다. 그때까지만 해도 런던의 상인들은 비바람을 피할 곳조차 없는 좁은 거리를 왔다 갔다 하면서 거래를 하지 않으면 안 되었다. 어떤 역사가에 의하면 그들은 비바람이 심할 때도 어떻게든지 참으면서 바깥에 있거

---

* Sir. Thomas Gresham(1519~1579). 영국의 재정가. 「악화가 양화를 구축한다」는 그레셤의 법칙으로 유명하다.

나 그렇지 않으면 근처의 가게 안에 들어가서 비바람이 멎기를 기다리는 수밖에 없었다고 한다.

그레셤이 세운 웅대한 건물은 1571년 엘리자베스 여왕의 손으로 개장되었다. 이날 여왕은 귀족과 대신들을 대동하여 잘 차려입고 토머스 그레셤과 식사를 함께 했다. 식사는 그의 거대한 부와 호화스러움에 어울리는 것이었다. 그러나 식사가 끝날 무렵의 마지막 축배야말로 사치 중의 사치라고 할 만한 것이었다. 즉 그레셤은 테이블 위에 더없이 훌륭한 진주 한 알을 올려놓고 이것을 가루로 만들어서 자신의 포도주에 넣은 다음 일어나서 여왕의 건강을 기원하는 건배를 했던 것이다.

조금 뒤 여왕은 그레셤과 대신들을 거느리고 새 건물 안을 두루 둘러보았다. 여왕은 구석구석까지 시찰한 다음 전령관에게 나팔을 울리도록 명령하고 이 건물의 이름을 〈왕립거래소〉라고 부르도록 선언했다고 한다.

이 개장식의 일을 적은 어느 기록에도 이 사실들은 실려 있지 않고 또 믿을만한 당시의 어느 역사책에서도 이 일들은 전혀 언급되어 있지 않다.

다만 실제로 진주 사건을 말하고 있는 것은 그 연회의 정경을 묘사한 어떤 희곡(戲曲)으로 다음 몇 줄이 그것이다.

이리하여 단숨에 1,500파운드가 사라지고
그레셤은 설탕 대신에 진주로써
여왕의 건강을 축복하며
축배를 들었노라.

4. 수도승과 화약

베르톨트 슈바르츠(Berthold Schwarz)는 프란치스코 수도회의 수도승으로, 14세기경 독일의 뉘른베르크(혹은 프라이부르크)에 살고 있었다. 그의 생애에 관해서 확실한 것은 거의 아무것도 알려져 있지 않다. 실제로 역사가들도 그의 본명조차 확실하게 밝히지 못한다. 그를 콘스탄트 아우그리젠(Konstant Augrisen)이라고 부르는 사람이 있는가 하면, 니겔 베르크토르도스(Nigel Bergtordos)라고 부르는 사람도 있다.

흔히 〈검은 베르톨트〉라고 부르는 경우도 많다. 이 이름은 그에게 있어서 잘 어울렸는데 그 당시 과학을 〈검은 마술〉로 간주했기 때문이다. 그뿐 아니라 화학이라는 이름도 어쩌면 〈검은 기술〉을 의미하는 말에서 파생된 것 같다.

어쨌거나 베르톨트는 수도원 부근에 사는 주민들을 위해서 언제나 환자들의 약을 제조하고 있었다.

어느 날 그는 황과 초석(질산칼륨)과 숯을 섞은 약을 만들고 있었다. 아마 그는 이것들을 모르타르(약절구)에 차례대로 넣어서 가루로 빻은 다음 조심스럽게 섞었을 것이다. 그는 모르타르에 그것들을 넣고 뚜껑 대신 커다란 둥근 돌을 위에 얹어둔 채 그대로 내버려 두었다. 날이 어두워지자 그는 등불을 켜야겠다고 생각했다. 그리하여 부싯돌을 탁탁 쳤더니 불꽃이 몇 개 튕겨서 모르타르에 들어갔고, 그 속에 불이 옮겨붙어 순식간에 쾅 하는 요란한 소리와 함께 돌은 무서운 힘으로 튕겨 올라가 지붕을 뚫고 밖으로 내동댕이쳐졌다. 베르톨트가 심한 충격에서 깨어나 정신을 차리고 주위를 살펴보니 모르타르 속은

텅 비었고 지붕에는 돌이 뚫고 나간 큰 구멍이 뻐끔 뚫어져 있었다.

1743년 출판된 어떤 독일 책에서는 이 사건의 뒷일을 적고 있다. 이에 따르면 베르톨트는 돌을 그처럼 굉장한 힘으로 튕겨 올린 이상한 물건의 성질을 자세히 밝혀내려고 하였다. 그리하여 이전과 같은 혼합물을 다시 만들었다.

저자는 다음과 같이 적고 있다. '그 다음 그는 이 가루의 힘을 알아보려고 미련하게도 가죽으로 만든 자루에 그것을 채우고, 자루 위에 서서 가루를 뿌려 기다란 도화선을 만들어 이것을 이용해서 불을 붙였다. 이 지각없는 실험 결과인 폭발로 인해 그는 멀리 날아가서 머리는 천장에 부딪치고 뇌는 박살이 났다.' 이 부분은 꾸며낸 이야기임에 틀림없다. 두꺼운 지붕을 파괴할 만큼 센 힘으로 돌이 튕겨 올라가는 현상을 목격한 사람이 이처럼 어리석은 실험을 했을 리가 없기 때문이다.

돌이 수도원의 지붕을 뚫고 튕겨 나갔다고 하는 이 우연한 사실로부터 베르톨트는 전쟁에서 화약을 사용하여 돌을 던지는 아이디어를 생각해냈다. 그는 아이디어를 실현하기 위한 연구 초반에 모르타르 혹은 모양은 비슷하지만 더 작고 길쭉한 어떤 것을 사용했을 것이다. 그 바닥에 초석, 황, 숯을 섞은 화약을 넣은 다음 위에다 커다란 돌을 얹었다. 화약에 불을 붙이자 돌은 튕겨 나갔다. 그러나 이러한 화기(火器)로서는 설사 모르타르의 주둥이를 발사하려는 방향으로 겨냥했을지라도 잘 맞지는 않았을 것이다.

그래서 이윽고 짤막한 모양의 모르타르 대신에 긴 구멍이 뚫린 쇠 통을 사용한 것 같다. 물론 쇠 통은 한쪽 끝을 막아 여

돌은 천장을 뚫고 나갔다

기에 화약을 채워 넣을 수 있도록 하고 또 작은 구멍을 뚫어 여기에서 화약에 불을 붙일 수 있도록 하였을 것이다.

그 당시 쇠를 주조하는 방법은 알려져 있지 않았다. 그러므로 통이라고 해도 마치 널판을 짜서 물통을 만들 듯이 강한 쇠막대를 통 모양으로 짜서 묶고 통 테를 단단히 졸라매서 보강한 것이라고 생각한다.

그로부터 훨씬 후에 통은 놋쇠나 쇠를 사용해서 한 몸통으로 한꺼번에 주조하게 되었다. 사람들은 이를 대포라고 불렀다.

화약과 총포의 발달

베르톨트가 이러한 대포를 발명했다고 믿어도 될 만한 증거는 많다.

단지 위에 적힌 이야기처럼 모르타르 속의 우연한 폭발이 계기가 된 것이 아니었는지 모른다. 그러나 그런 가능성까지도 전혀 부정해 버릴 수는 없다. 이것은 몇 세기에 걸쳐 어떤 모양의 대포가 모르타르라는 이름으로 불려왔기 때문이다.

이 대포의 모양은 어쩌면 화학자가 사용하는 모르타르의 모양이 그 기원이 되었는지도 모른다. 즉 포신이 짧고 그 모양이 두꺼우며 포구는 대단히 넓어서 아주 큰 각도를 향해서 탄환을 발사할 수 있다.

다음 그림은 중세기의 인쇄물을 근거로 한 것인데 4개의 모르타르가 높은 요새의 성벽을 넘어서 안으로 탄환을 쏘아 넣는 모양을 보여준 것이다.

구트만이라는 포술학의 전문가는 1354년 5월 17일자 프랑스 조폐국의 공보를 인용하고 있다. 이에 따르면 프랑스 국왕은 대포가 독일에서 베르톨트 슈바르츠라는 수도승에 의해서 발명되었다고 명백히 언급한 다음, 조폐국장에게 대포를 만드는 데 어떤 금속이 필요한지를 조사하라고 명령했다고 한다.

다른 역사가는 '베르톨트는 대포가 최초로 출현한 다음 30~40년 후까지도 살고 있었다. 그러므로 그가 최초의 발명자라는 것은 의심스럽다'라고 말하고 있으나 한편 베르톨트가 〈포격술의 전문가〉였을지도 모른다는 가능성은 인정하고 있다.

전쟁에 화약이 도입된 결과로 전투방법에는 커다란 변화가 일어났다. 특히 1500년경 휴대용 화구가 사용되고부터는 매우 격심해졌다.

이전의 전쟁에 쓰인 석궁(石弓)이나 성곽을 깨뜨리는 망치 같은 것들은 훨씬 강력한 무기로 대체되었다. 초기의 대포 중에

성벽 너머로 총알을 쏘는 중세의 〈모르타르〉

서 가장 유명한 것은 마호메트 2세가 1453년 콘스탄티노플의 포위공격에 사용하였던 것이다. 전설에 따르면 그것은 300㎏ 이상이나 되는 돌을 수백 미터까지 던질 수 있었고 그 힘은 돌이 땅에 떨어졌을 때 2m되는 깊이로 파묻혀 버릴 정도였다고 한다. 이 대포를 끌기 위해 30량의 마차를 연결하고 60마리의 황소가 끌었다. 양쪽에 각각 2백 명의 명사가 열을 지어 대포가 옆으로 쓰러지는 것을 방지하고 앞에는 250명의 일꾼들이 앞서 가면서 대포가 지나갈 길을 미리 평평하게 닦고 다리를 수리했다.

콘스탄티노플 시는 이 포위 공격을 방어하기 위해서 세 겹의 두꺼운 성벽으로 주위를 둘러쌌으나, 〈세계 최초의 포병대장〉 마호메트는 이와 같은 거대한 대포를 사용해서 아주 간단히 콘스탄티노플을 함락시켜 버렸다.

역사에 미친 영향

화약과 총포가 쓰이게 되면서 전쟁을 좋아하는 귀족들의 영향력도 점차 줄어들었다. 이런 총포와 화약은 매우 값이 비싸므로 개인적으로 사설군대를 유지할 만큼 여유가 있는 영주는 거의 없었다. 영국이나 그 밖의 많은 나라에서는 국왕이, 이후에는 의회가 세금이나 국고수입을 배경으로 해서 군대를 지배하게 되었다.

또 강대국이 토착민들과 전쟁할 때도 화약이 큰 도움이 되었다는 것은 의심할 여지가 없다. 예를 들어 16세기에 스페인 사람들이 순식간에 남아메리카를 정복했는데 그 중요한 원인은 총포와 화약을 사용했기 때문이다. 이러한 무기들에 맞선 원주민들의 활이나 창 따위는 거의 아무 소용도 없었다(7장 참조).

흥미로운 일로는 처음으로 화약이 쓰이게 되었을 때 비난의 소리가 들끓었다는 사실이다. 예를 들어 이러한 일이 있었다.

'전 이탈리아는 화약의 사용을 정정당당한 싸움의 명백한 위반으로 고발했다.' 또 옛날 기사들은 '악랄한 초석(질산칼륨)'에 대해서, 또 새로운 '기사답지 못한 투쟁 방법'에 대해서 크게 항의했다.

1500년경 어떤 유명한 저술가는 당시 많은 사람의 생각을 요약해서 다음과 같이 말했다.

『그러나 인간을 살해하기 위해서 고안된 모든 것 중에서 가장 극악하고 비인도적인 것은 대포다. 이것은 이름조차 알 수 없는 한 독일인이 발명했다. (중략) 이러한 발명에도 불구하고 그는 자신의 이름이 알려지지 않는 행운을 얻었다. 만일 그렇지 않았다면 그는 이 세상이 존속되는 한 두고두고 저주받고 혹평을 받았을 것이 틀림없다』

  이러한 이유로 16세기에도 역시 새로운 파괴 무기의 출현은
놀라움과 괴로움, 비난을 불러일으켰다. 그것은 오랜 뒤의
1915년에 독가스(21장 참조)가 처음으로 사용되었을 때나 1945
년에 원자 폭탄이 출현했을 때도 똑같이 되풀이되었다.

5. 안티모니라는 이름의 기원

안티모니(Antimony)는 은백색의 금속으로 중세에 이르러 발견되었으나 그 화합물, 특히 황과의 화합물은 이미 고대로부터 알려져 있었다. 옛날 역사책에는 안티모니라는 말이 때때로 나오는데 대부분 금속 그 자체가 아니고 황화물을 일컫고 있다.

어떤 유명한 화학사가(化學史家)에 의하면 안티모니의 황화물은 다음과 같이 이용되었다.

『아시아의 귀부인들은 이것을 속눈썹에 칠해 속눈꺼풀을 검게 했다. 예컨대 이스라엘의 왕비 이자벨은 왕 아하브가 방문할 때는 얼굴에 분을 발랐다고 한다. 그리고 눈꺼풀에는 안티모니의 황화물을 칠했다. 에스겔서(書)의 여성도 같은 짓을 했다. 안티모니로 눈을 검게 칠하는 이런 습관은 아시아에서 그리스로 전해져서 무어인들이 스페인을 점령하고 있는 동안에는 스페인의 귀부인들도 이것을 사용했다』

이 금속의 오랜 역사 가운데 다음의 매력적인 이야기가 왜 이런 이름이 붙여졌는지를 설명하고 있다. 여기에는 가장 유명한 연금술사(鍊金術師) 가운데 한 사람(실제의 인물인지 전설의 인물인지 확실하지 않다)이 등장한다. 그는 비르길리우스 발렌티누르(Virgilius Valentinus)라 불리는 15세기의 연금술사로, 작센(Sachsen)의 고을 에르푸르트에 있는 수도원에 살고 있었다. 베네딕트회에 속하는 학식이 풍부한 수도승이었다.

중세에는 연금술사가 본명을 숨기고 기발한 가명을 사용하는 것이 습관이었다. 이 수도승이 스스로 불렀던 이름은 뛰어나게 우수하며 웅장한 의미를 지니고 있었다.

비르길리우스라는 본명은 그리스어로 〈왕〉을 의미하고, 발렌티누스라는 성은 〈강대한〉을 의미하는 〈발렌티노〉라는 말에서 유래한 것이다. 그러므로 그의 성명은 〈대왕〉(물론 연금술사의 대왕)을 의미했다.

비르길리우스 발렌티누스는 뛰어난 연금술사로 그의 저서는 당시의 화학 지식을 빠짐없이 요약하고 있다. 어떤 낭만적인 전설에 따르면 그는 죽기 직전에 원고를 에르푸르트 대사원의 제단 뒤에 있는 대리석으로 만든 테이블 밑에 숨겼다. 이것이 읽힐 시기가 오면 기적적으로 사람들의 눈앞에 끄집어내어 질 것이라 확신하여 일부러 그렇게 한 것이다. 오랜 뒤에 그 〈때〉가 왔다. 대사원에 벼락이 떨어져서 벽이 무너져 내려앉아 원고가 나왔던 것이다!

발렌티누스는 수도원 안에서 병에 걸린 승려를 치료하는 방법을 알아내려고 한 일이 실마리가 되어 의학을 연구하게 되었다. 그는 이 목적에 알맞은 약초를 찾으려고 노력하였다. 결국 성공하지는 못했으나 풀을 연구하면서 더 나아가 부지런한 연금술사가 되었다. 그는 실험실을 따로 갖고 있지 않았으므로 모든 실험은 모두 그의 개인 방에서 해야 했다.

에르푸르트의 수도원은 다른 베네딕트회의 수도원과 마찬가지로 밭을 갈고 가축을 기르면서 자급자족의 사회를 형성했다. 당시의 습관으로는 가축이나 닭 같은 것은 수도원 속에 풀어놓아 길렀고 이것들은 일 년 내내 제멋대로 돌아다니면서 먹이를 찾았다. 사람들이 버린 것도 가축이나 닭의 먹이의 일부가 되었다.

당시의 사람들은 쓰레기통을 사용하지 않고 거리나 집 주위

발렌티누스와 돼지

의 빈터에 쓰레기를 던져 버렸다. 누구 하나 쓰레기를 치우려고 생각하는 일이 없었으므로 쓰레기는 버려 진 곳에 언제까지나 방치된 채로 있었다.

발렌티누스도 실험이 끝나면 이미 써버린 물건이나 쓰다 남은 물건을 창문 밖으로 던져버리는 것이 일쑤였다. 이렇게 쓰레기는 점점 창 밑에 쌓이고 쌓여서 산더미가 되었다.

어느 날 발렌티누스는 수도원에서 기르는 돼지가 창밑에 쌓인 쓰레기더미에 코를 박고 무엇인가를 맛있게 먹고 있는 것을 보았다. 그는 돼지가 그 다음에 어떻게 되는지를 생각하며 얼마 동안 돼지를 계속 관찰했다.

돼지가 평상시에는 전혀 먹을 수 없는 것을 먹었으므로 반드시 상태가 나빠질 것이라고 생각했다. 그런데 놀랍게도 쓰레기는 돼지에게 아무런 해도 주지 않았다. 오히려 돼지에게 도움을 준 것처럼 보였다. 왜냐하면 그때까지 야윈 돼지가 살이 쪄서 더 보기 좋아졌기 때문이다.

발렌티누스는 이전부터 동료 수도승 중에 야위고 허약해서 영양부족이라 여겨지는 사람이 있는 것에 관심을 두고 있었다. 돼지를 보고 얻은 경험에서 이 쓰레기가 병에 걸린 승려들을 고칠 수 있을 것으로 믿게 되었다. 그리하여 발렌티누스는 그들을 설득해서 실험실의 쓰레기를 일부 먹도록 했다.

불행하게도 이 새로운 〈약〉은 지나치고 허황된 치료법이었다. 수도승들의 건강상태가 매우 나빴으므로 쓰레기를 먹기 전의 돼지처럼 단지 야윈 정도에 그치는 것이 아니었다. 건강하지 못했던 수도승들은 신체에 가해진 쇼크를 감당할 수 없었기 때문에 많이 죽어갔다.

동료 수도승에게 해를 끼친 일은 발렌티누스에게 커다란 괴로움을 안겨 주었다. 그는 장래 이와 같은 사고가 일어나는 것을 막기 위해서 어떤 사람에게도 그 독성이 알려지도록 이 쓰레기에 이름을 붙였다. 바로 〈안티모니〉였다. 안티(Anti)의 의미는 〈~에 반대하다(거역하다)〉, 므완(Moine)은 〈수도승〉을 뜻하며 이 두 단어를 합치면 〈수도승을 죽인다〉라는 의미가 된다.

이 무서운 비극이 있은 뒤에 바르길리우스 발렌티누스는 안티모니를 신중하게 연구하여 소량이면 매우 효과가 있는 약이 된다는 것을 발견했다(덧붙여 말하지만 이 금속을 포함한 조제약은 어느 것이나 안티모니라 불렸다).

이 진위여부(眞僞)를 에워싸고

안티모니라는 이름의 기원을 설명하는 이야기는 오늘날에는 지어낸 이야기로 여겨지고 있다. 왜냐하면 안티모니라는 말은 11세기에도 이미 사용되고 있었다는 것이다. 더욱이 이 이야기에서는 안티모니라는 말이 안티 므완이라는 두 개의 낱말에서 만들어진 것으로 되어 있으나, 므완은 프랑스어이고 바르길리우스 발렌티누스는 독일인이었다.

이 이야기가 오랜 동안 전승된 원인 중의 하나는 바르길리우스가 쓴 책에 있다. 이 책 속에 적혀 있는 다음의 글을 읽는다면 이런 이야기를 만들어내는 것은 용이한 일이었을 것이다.

『만약 돼지를 살찌게 하고 싶으면 살찌도록 하기 2~3일 전에 조악(粗惡)한 안티모니를 반(半)드라크마*를 주어 그릇의 밑바닥까지 몽땅 핥아 먹게 하라. 그러면 돼지는 더 자유롭게 먹고 더욱 빨리 살찌고 돼지가 걸리기 쉬운 담즙질 또는 나병(癩病)계통의 병 그 어느 것에도 걸리지 않게 될 것이다.

나는 조악한 안티모니를 인간에게 복용시키라고 주장하지는 않는다. 가축은 날고기와 그 밖에 인간의 위의 능력을 능가하는 많은 것을 어렵지 않게 소화시킬 수 있다』

인간에게 〈조악한 안티모니〉를 많이 사용하면 안 된다고 그가 일부러 경고하는 것은 주목할 일이다. 그 때문에 일어나는 결과를 그는 체험으로 알게 된 것일까?

지금까지 문제로 삼은 것은 발렌티누스의 생애 중에 일어났던 이 특별한 사건 하나뿐이지만, 현재 많은 역사가는 발렌티

---

* Drachma, 고대 그리스의 무게 단위, 약 3.8879그램.

누스의 실재 여부에까지 의심을 품고 있다.

한 역사가는 이렇게 적고 있다.

『발레티누스의 저서는 사본에 의해서 외국에도 널리 퍼졌고 황제 막시밀리안 1세의 흥미를 끌었다. 황제는 1515년 이 유명한 저자 가 베네틱트회의 어느 수도원에 살고 있었는지를 조사시켰다. 그러 나 불행하게도 황제의 이러한 노력은 아무 결실도 거두지 못했다. 뒤에 몇 번이나 같은 일이 시도되었으나 역시 성과는 없었다』

다른 저술가는 발렌티누스가 썼다고 하는 책은 틀림없이 허 위라고 기술하고 있다. 이 중에는 발렌티누스가 죽었다고 전해 지는 해로부터 백년 또는 그 이상 훨씬 지나서야 겨우 발견된 사실이 몇 가지 실려 있다고 한다.

6. 명반과 국왕과 법왕

명반(明礬)은 지금으로부터 적어도 500년 전에는 이미 알려져 있었다. 이것은 명반석이라고 불리는 특별한 돌에서 얻어진다. 명반석은 세계의 몇 곳에서 지면 바로 밑에 파묻혀 있다가 산출된다. 그러므로 파내는 것은 쉬우며 비교적 간단한 공정으로 명반이 제도된다. 명반은 여러 가지 용도로 쓰이나 가장 중요한 것은 염색에 이용하는 것이다. 명반을 사용하면 천연 그대로는 비교적 선명하지 못한 색깔이 더욱 뚜렷하고 선명하게 염색된다. 또한 염료에 따라서는 그것이 천에 단단히 고정되어 몇 번이고 세탁해도 바래지지 않는다.

15세기경 명반은 매우 중요한 물질이었다. 유럽에서 사용하는 명반의 대부분은 콘스탄티노플(터키의 옛 수도) 근처에 있는 풍부한 명반석 광산에서 생산되었다. 1453년 터키인들은 이 도시를 점령하자마자 이 광산을 압수하여 당시 세계 최대의 명반 생산자가 되었다.

이탈리아에서 명반석 광산을 찾다

콘스탄티노플이 함락되기 전에 카스트로(Giovanni di Castro)라는 이탈리아 사람이 살고 있었다. 그는 옷감과 염료를 다루었으므로 명반에 관한 지식은 조금 알고 있었다.

1453년 난리 때에 간신히 탈출해서 태어난 고향으로 돌아올 수 있었다. 상당히 오랜 뒤에 이탈리아 톨파(Tolfa) 근처의 어느 언덕을 걷고 있을 때, 언덕에 자라고 있는 풀이 콘스탄티노플의 명반석 광산 근처에서 자라던 풀과 똑같은 색깔인 것에

관심을 가졌다. 주위에 있던 흰 돌을 몇 개 주워서 씹어 보았
다. 명반석 광산 근처에 떨어져 있던 돌과 마찬가지로 혓바닥
을 따끔하게 자극하였다. 몇 가지 다른 실험을 해보고 여기에
풍부한 명반석이 매장되어 있다고 확신하였다. 곧 톨파를 떠나
서 로마교황에게 자신의 발견을 다음과 같이 보고하였다.

『저는 교황께서 터키인과 맞서 승리를 거둘 수 있으리라고 말씀
드립니다. 터키인들은 기독교인들로부터 명반의 대금으로 해마다
30만장 이상의 황금을 손에 넣고 있습니다.

저는 지금 명반을 산출하는 7개의 언덕을 발견했습니다. 그 명반
은 매우 풍부하여 7개국에 충분히 공급할 수 있을 만큼 있습니다.
만약 교황께서 장인(匠人)들을 파견해서 이 땅에 화덕을 만들도록
하시면 유럽의 거의 전 지역에 명반을 공급할 수 있을 것입니다.
이 땅에는 나무도 물도 충분히 있고 교황께서는 서쪽으로 향하는
배에 짐을 쌓아 실을 수 있는 항구를 가지고 계십니다. 이제 폐하
께서는 터키인에 대한 싸움을 시작하실 수 있습니다. 이 광물은 폐
하에게 싸움의 양식과 금을 공급하고 동시에 터키인으로부터 그것
을 빼앗을 수 있을 것입니다』

교황은 카스트로의 말을 〈미친놈의 실없는 소리〉로 생각하였
고 추기경들도 모두 같은 의견이었다. 카스트로의 제안은 몇
번이고 받아들여지지 않았으나 그는 이러한 호소를 그치지 않
았다.

결국에는 교황도 이 이야기에 설득되어서 이전에 콘스탄티노
플에서 일했던 전문가들을 톨파에 보내 카스트로의 말이 사실
인지 여부를 조사시켰다. 그들은 지면을 면밀하게 조사한 다음
명반을 생산하는 아시아의 여러 산들의 지면과 흡사하다고 단

중세의 명반 제조법

언하였다.

그들은 기쁨의 눈물을 흘리면서 세 번이나 꿇어앉아 신에게 감사하고 이처럼 값진 선물을 내리신 자비를 칭송하였다.

돌을 구웠더니 아시아의 것보다도 더 아름답고 품질이 좋은 명반이 되었다.

『톨파의 명반석은 화산활동이 원인이 되어 생긴 것으로서 불순한 히드록시황산칼륨에 산화철, 알루미나, 점토 등이 섞인 것이다. 이 것을 구우면 수분이 제거되고, 그것을 물에 녹이면 황산칼륨이 녹아나오고, 불순물은 녹지 않은 채 밑에 가라앉는다.

이 용액을 졸이고 나무 그릇에 부어 넣어서 놓아두면 명반의 입방체 결정이 용액으로부터 석출된다. 화학식은 $K_2SO_4 \cdot Al_2(SO_4)_3 \cdot 24H_2O$이다』

교황은 곧 이 땅에 명반 공장을 건설했다. 명반석을 먼저 화덕에 넣어서 굽고(그림의 맨 위), 다음에 물속에 집어넣으면(그림의 가운데) 돌 속의 명반은 녹고, 불순물은 그릇 밑에 가라앉는다. 그다음 용액을 큰 납 그릇에 넣고(그림의 왼쪽 아래) 가열해서 수분을 뺀다. 충분히 졸인 후 마지막으로 나무 그릇에 흘려넣어 놓아두면 결정이 용액에서 나온다. 이렇게 해서 생긴 결과는 전혀 나무랄 데가 없는 종류의 명반이었다. 교황 비오 2세(Piux II)는 법왕청에 막대한 이익이 있을 것을 깨닫고 톨파에서 800명 이상을 고용하여 명반을 제조하는 일을 시켰다.

몇 년 사이에 교황은—줄리우스 2세(Julius II, 1503~1513)로 바뀌었다—은 명반 공장에서 해마다 엄청난 수입을 손에 넣게 되었다. 교황은 이 자금을 터키인과 싸우는 데 쓸 작정이라고 설명하고, 따라서 명반을 제조하는 권리는 교황만이 갖는 것으로서 다른 누구도 명반을 제조하면 죄를 범하는 것이라고 선언했다. 교황은 또한 터키인에게 명반을 사는 것도 범죄로 규정하였다.

어느 쪽 범죄에 대한 형벌도 파문(破門)으로 다루었는데, 이것은 신앙심이 깊은 가톨릭 교인이라면 누구나 대단히 두려워하는 형벌이었다.

영국인, 명반의 비밀을 훔치다

그러나 교황에 대항하는 프로테스탄트 쪽은 교황이 노하여 파문을 하거나 말거나 조금도 개의치 않았다.

영국의 어떤 프로테스탄트가 교황의 위협에 아랑곳하지 않고 영국에 명반공장을 건설한 낭만적인 이야기가 있다. 이 이야기의 첫 부분은 카스트로의 톨파 언덕에서의 발견과 매우 비슷하다.

주인공은 학식 있는 박물학자 토머스 챌러너(Sir. Thomas Chaloner)였다.

『그는 가이스바러(요크셔에 있다) 근처에서 자라는 어떤 나뭇잎이 특별한 색깔의 초록색인 것을 관찰했다.

떡갈나무의 뿌리는 옆으로 넓게 뻗쳐 있었으나 땅 속 깊이 파묻혀 있지는 않았다. 줄기는 매우 단단하였으나 즙액은 적었다. 흙은 흰 점토로서 노랑과 푸른색의 알맹이가 섞여 있었고 절대로 얼지 않았다. 맑게 갠 밤에는 그것이 유리처럼 빛났다』

챌러너는 이탈리아의 명반석 광산 지방에서 이와 같은 광경을 목격한 일이 있었으므로 가이스바러 근처에도 명반석의 광

이탈리아 장인들은 통 안으로 숨었다

상(鑛床)이 있는 것이 아닌가 생각했다. 시험 해보니 그곳에 반
갑게도 명반석이 풍부하게 매장되어 있는 것이 확실해졌다. 그
는 가이스바러에 명반석 공장을 세우기로 했다. 그러나 그는
교황이 이 물질의 제조에 어떤 방법을 쓰고 있는지를 명확히
알아내기 어려웠다. 교황의 공장은 외국인의 출입을 일절 금지
할 뿐만 아니라 그 제조법을 훔쳐내려고 하는 것이 발각되면
누구 할 것 없이 사형에 처했다.

챌러너는 체포될 것을 각오하고 이탈리아로 가서 명반 공장
에서 일하는 2~3명을 돈으로 매수해서 영국에 데리고 돌아왔
다. 그는 장인들을 〈영국행〉의 꼬리표가 붙은 커다란 통에 숨
겼다고 전해진다. 항구의 검사관은 통 속에 이상한 것이 들어

58

있으리라고는 꿈에도 생각하지 못했고, 즉시 그 다음 항구를 떠나는 영국 범선에 그것을 싣도록 했다.

이탈리아인들은 가이스바러에 도착하자 명반 공장을 건설하고 이 지방 사람들에게 새로운 일들을 가르쳐 주었다.

이것을 알게 된 교황은 기사 챌러너와 탈주한 이탈리아인에게 그 당시에 알려진 저주의 욕설 중에서 가장 지독한 욕설을 퍼부었다. 이는 수 세기 전에 수도승 에르누르푸스가 처음으로 주장한 것으로서 머리끝에서부터 발끝까지의 신체의 모든 부분을 가장 무서운 말로써 저주하는 것이었다.

그러나 챌러너는 그따위 저주쯤은 문제 삼지도 않았다. 곧 새로운 사업은 번창했다. 특히 국왕이 영국에서 명반 제조의 독점권을 챌러너 일족에게 부여한 다음부터는 더욱 번창했다. 다른 왕 찰스 1세(Charles Ⅰ, 1609~1649)때까지는 모든 것이 잘 되어갔다. 그러나 찰스 1세는 금이 필요했으므로 이렇듯 매우 중요한 명반석 광산을 자신의 소유로 하려고 결심했다. 국왕은 이 광산을 왕 소유의 광산이라고 한마디로 선언함으로써 시원스럽게 해치워 버렸다.

왜냐하면 왕 소유 광산의 이익은 모두 국왕의 금고에 들어가게 되어 있었기 때문이다.

국왕과의 싸움

물론 챌러너 일족은 이 귀중한 수입원을 잃고 크게 분노했으나 당시에는 무력해서 어떻게 손을 쓸 수가 없었다.

그런데 1641년 의회가 국왕에게 반란을 일으켜 격렬한 싸움이 일어났을 때, 챌러너 일족은 왕에게 복수할 기회라 여겨 의회 쪽에 가담했다.

잘 알려진 바와 같이 찰스 1세는 패배하여 1649년 〈폭군, 반역자, 살인범, 영국의 공공의 적〉으로서 재판에 회부되었다. 왕의 재판은 웨스트민스터에서 판사로 임명된 135명 앞에서 행하여졌다. 찰스 1세는 자신을 재판할 권리가 그들에게 있다고 인정하지 않았으며 항변하려고도 하지 않았다.

찰스 1세는 사형 선고를 받았으나 이 처형을 허가하는 사형 명령에 서명한 것은 판사들 중 불과 59명뿐이었다. 그 중에 토머스 챌러너가 포함되어 있었다.

그러나 전설은 찰스 1세의 죽음으로 끝나지 않았다. 토머스 챌러너는 크롬웰(Oliver Cromwell)의 도움으로 만섬(島)의 총독에 임명되어 그곳에 있는 한 성에서 많은 하인의 시중을 받으면서 1660년까지 호화롭게 살았다.

그런데 그 해 스튜어트 왕조가 부활하면서 찰스 2세(Charles Ⅱ, 1630~1685)가 즉위하였다. 찰스 2세는 자기 아버지에 반역한 사람들을 모두 용서하기로 동의했으나 재판할 때의 판사들만은 용서하지 않았다.

한편 만섬의 성에 있던 챌러너는 국왕의 군대가 그를 체포하러 올 것이라는 이전부터 두려워하고 있던 소식을 들었다. 그는 하녀를 불러서 마실 것을 가져오게 한 뒤, 최악의 사태를 예상해 언제나 몸에 지니고 있던 독약을 그 속에 넣고 단숨에 마셨다. 찰스 2세의 부하들이 성안에 들이닥쳤을 때 챌러너는 이미 죽어 있었다.

세 사람의 챌러너

명반을 둘러싼 이러한 이야기에는 사실과 꾸며낸 이야기가 섞여 있다. 이탈리아에서 명반이 발견된 이야기는 그 당시의 교황 비오 2세가 기록하고 있으므로 사실이라고 믿어진다.

챌러너가 명반석을 우연히 발견한 이야기는 카스트로의 발견 이야기와 너무 비슷하므로 카스트로의 자질구레한 이야기가 두 번째 이야기에 그대로 베껴 옮겨졌다고 생각해도 전혀 어색하지 않다.

그러나 챌러너라는 사나이가 엘리자베스 1세나 제임스 1세 무렵에 가이스바러에서 명반 공장을 세웠다는 사실이 알려져 있다. 또 그것이 찰스 1세의 시대에 왕의 재산이 되었다는 것도 알려져 있다.

휘트비(Whitby, 가이스바러 근처에 있다)의 어떤 역사가는 이 이야기의 다른 부분은 '시대에 관해서도, 등장인물에 관해서도 기묘할 만큼 틀린 것투성이다.'라고 말했다. 그는 세 사람의 챌러너가 혼동되고 있다고 지적한다. 첫째로 공장을 창설한 토머스 경이 있었다. 다음에 그의 아들 토머스가 있다. 그는 훌륭한 학자로서 장기의회(長期議會, 1640~1660) 의원이기도 하고, 찰스 1세를 재판한 판사 중의 한 사람이었다.

찰스를 처형하는 사형 명령에 서명한 것은 아들 토머스였다. 세 번째는 그의 동생 제임스로서, 그도 역시 의회의 위원이었고 국왕 재판 당시 판사 중의 한 사람이었다.

이 일가족이 의회 쪽에 가세한 것은 사실이며 이전에 명반 공장을 둘러싸고 부당한 처우를 받았던 것이 계기가 되었음은 충분히 짐작이 간다.

1660년 왕정복고(王政復古) 때에 토머스 경은 이미 죽고 없었
다. 아들 토머스는 네덜란드로 도망쳐 그곳에서 생을 마쳤다.
그러나 제임스는 이야기에 나오는 대로 만섬에 살고 있었고,
이후 런던에 소환되었다. 그는 왕의 처형 당시 지도적 역할을
하였으므로 후환을 두려워하여 독약을 마시고 자살했다는 이야
기는 사실 그대로이다.

이렇게 보면 이 명반 이야기의 후반은 토머스 챌러너 경과
그의 두 아들 토머스와 제임스의 생애에서 지어낸 에피소드를
엮어서 만든 전설적 이야기라는 쪽이 진실에 가까울 것이다.

7. 화약과 화산

콜럼버스의 신대륙 발견으로부터 불과 몇 년 사이에 스페인이 아메리카대륙 본토에 식민지를 건설하기 시작했다. 1518년에 그들은 오늘날 멕시코라고 불리는 땅에 식민지를 세우려 하였다.

스페인 사람들은 멕시코의 원주민들이 그때까지 여러 섬에서 보아온 미개하고 거친 토인들과 비교해서 훨씬 고도로 조직화된 국민인 것을 발견하고는 매우 놀랐다. 멕시코 원주민들은 잘 조직된 생활양식과 올바르게 구성된 정부, 건전한 법률체계를 정비하고 있었고, 그들이 받드는 전제군주는 웅대한 석조궁전에서 대신과 외교관들의 시중을 받으면서 호화로운 생활을 하고 있었다. 더욱이 평민들은 여러 가지 작업에 숙련되어 있어서 구리, 주석, 금, 은을 사용하고 있었다.

국왕은 경험이 풍부한 군인이었고 병사들은 용감무쌍하여 두려움을 몰랐다. 그들은 싸움에서 쓰러진 사람은 곧장 빛나는 태양의 저택으로 운반되어 형용할 수 없을 만큼 행복한 생활을 누릴 수 있다고 믿었기 때문이다.

장군들은 은으로 된 장식을 달고 두께가 5cm나 되는 저고리를 입었다. 이것은 날아오는 화살을 잘 막았다. 일반 병사들은 싸움에 나가기 전에 물감을 온몸에 칠하고, 돌이나 뼈로 만든 화살촉을 붙인 화살과 청동 촉을 붙인 창, 나무 막대기에 끝을 뾰족하게 깎은 돌을 두 줄로 붙인 도구들을 써서 싸웠다.

코르테스의 멕시코 정복

1518년에 스페인의 쿠바총독 벨라스케스(Diego Velazquez, 1465~1524)는 멕시코를 정복하기 위해서 에르난 코르테스 (Herman Cortez, 1485~1547)라는 젊은 스페인 장군을 파견했다. 코르테스는 600~700명에 이르는 군대와 18필의 말과 수문(數門)의 대포라는 작은 병력밖에 갖고 있지 않았다. 하지만 수천의 야만인을 상대하는 데 이러한 작은 병력으로도 충분하다고 생각하였다. 설마 조직된 민족이 있으리라고는 누구도 생각하지 못했기 때문이다.

코르테스는 1518년 11월에 7척의 범선으로 편성된 함대를 이끌고 출범하였다. 많은 모험 끝에 대륙에 한 항구를 건설하고 베라크루스(Ver Cruz)라고 이름 지었다. 항구가 완성되자 퇴각을 불가능하게 하기 위해서 배를 모두 부셔버렸다. 이것을 보고 부하들은 정복하느냐 죽느냐, 어느 쪽이건 하나 밖에 선택할 수 없음을 깨달았다.

원주민들은 비록 죽음을 두려워하지 않는다고 하더라도 대포나 총에 맞서 오랫동안 싸울 수는 없었다. 1521년 메히코 (Mexico)라고 불리는 수도가 코르테스의 손에 함락되었고, 이어 전국이 그의 지배하에 들어갔다(메히코는 멕시코의 현지 발음).

정복자는 옛 멕시코의 폐허 위에 즉시 새로운 도시를 건설하도록 명령하였고, 이곳을 요새화하기로 했다. 그러나 사태는 일변해서 그에게 불리한 방향으로 치달았다. 총포와 탄약이 심각하게 결핍되어 있었다. 총독 벨라스케스는 코르테스의 성공을 시기할 뿐 아니라 그에게 맹렬한 적대감을 품기 시작하였다. 이들의 탐험을 감독하는 본국 스페인의 식민 재상도 역시 적대

배를 불사르는 코르테스

감을 품고 있었다. 이들 두 권력자는 코르테스가 많은 것들, 특히 총포와 화약이 부족하여 곤경에 처해 있는 것을 모르는 척 내버려두기로 하였다.

코르테스는 당황했지만 어떻게 해서든지 이 사태를 해결하고자 했다. 만약 스페인으로부터 총포와 화약을 손에 넣을 수 없게 된다면 멕시코에서 이것을 조달하려고 결심했다. 그러나 어려운 과제였다. 신세계에서 화약을 만든다는 것은 생각해 보지도 못한 일이었으며, 더욱이 유럽인들이 대포나 탄환의 일부를 만드는데 사용하는 쇠는 그 당시 멕시코에서는 발견되지도 않았다.

코르테스는 절망하지 않았다. 비록 대포를 만드는 데 쇠를 사용하지 못하더라도 청동을 사용할 수 있음을 알았다.

원주민들이 구리와 주석으로 청동을 만들고, 또 이것을 가지고 몇 가지 물건을 만드는 것을 알고 있었기 때문이다.

멕시코에서는 구리가 풍부하게 산출되었다. 그는 이곳에서 주석도 자연적으로 산출될 것이라고 생각하였다. 원주민들이 주석을 사용하여 소량의 청동을 만들고 있었을 뿐 아니라 주석을 화폐에도 사용하고 있었기 때문이다(그들의 화폐는 주석으로 만든 판을 T자형으로 자른 것이었다). 코르테스는 타스코(Taxco)라고 불리는 지방에 주석의 자원이 풍부하게 매장되어 있는 것을 알아냈다. 그는 여기에 광산을 만들고 주물공장을 세웠다. 구리와 주석을 녹여서 청동을 만들고, 녹은 청동을 틀에 부어 넣어서 대포와 통을 만들었다.

이 공장에서 모두 30문의 대포가 만들어졌다. 이전부터 가지고 있던 대포와 합치면 실제로 보유한 대포의 수는 충분하게 되었다.

대포 탄환의 보급은 코르테스에게 크게 문제되지 않았다. 스페인은 일반적으로 쇠로 된 탄환을 사용하고 있었으나 당시 다른 나라들의 포수(砲手)와 마찬가지로 필요할 때는 돌로 만든 탄환도 썼다. 쇠가 없으면 물론 돌을 사용하는 것이었다. 그러므로 코르테스는 이 땅에서 얻어지는 석재(石材)로부터 많은 포탄을 만들도록 명령했다. 이렇게 되자 어쨌든 필요한 것은 화약이었다.

화약을 찾아서

화약은 숯과 황과 질산칼륨(초석, 硝石)을 섞어서 만든다. 질산칼륨은 흰색의 물질로서 산소를 많이 포함하고 있다. 화약*에

나무를 태워 숯을 만들다

불을 붙이면 질산칼륨에서 발생하는 산소와 더불어 숯과 황이 타서 순식간에 다량의 가스를 발생시킨다. 이 다량의 가스는 대포의 포신 속과 같은 좁은 공간 안에서 발생하면 굉장히 센 힘을 발휘한다. 이 때문에 포신 속에 꼭 끼어 있던 탄환을 강한 힘으로 밀어내 포구로부터 세차게 튀어 나가게 한다.

이 무렵에 쓰이던 숯을 만드는 방법은 코르테스 자신과 부하한 사람도 잘 알고 있었다. 세 개의 굵고 긴 통나무를 삼각형으로 묶어서 숲속 빈터에 늘어놓고 삼각형의 중심에 긴 기둥을 똑바로 땅속에 박아 넣는다. 잔가지를 말끔히 제거한 통나무를 삼각형 위에 올려놓고 기둥 주위에 쌓아 올린다. 이렇게 쌓아 올린 통나무 산더미 위에 흙을 씌워서 완전히 덮는다.

---

* 질산칼륨, 숯, 황의 가루를 섞은 것은 폭발을 일으키므로 흑색화약이라 한다. 이때의 반응은 $4KNO_3 + 2S + 6C \rightarrow 2K_2S + 2N_2 + 6CO_2$ 이다.

통나무 산더미의 밑나무에 불을 붙이면 통나무는 차례차례로 타들어 가지만, 흙으로 완전히 덮여져 있으므로 공기가 통나무 사이를 자유롭게 이동할 수 없어서 나무는 완전히 타버리지 않는다. 대부분은 검게 누를 뿐 재가 되지 않고 숯이 된다.

이와 같이 해서 코르테스는 쉽게 많은 양의 숯을 마련할 수 있었다. 초석(KNO_3)은 따뜻한 나라에서는 천연으로 산출된다. 그것은 땅 표면에 얇은 층을 만들거나 땅 위쪽의 층에 섞여서 존재한다.

질산칼륨이 섞여 있는 흙을 물에 넣으면 질산칼륨만이 녹아나오므로 용액을 분리하여 이것으로부터 쉽게 질산칼륨의 결정을 만들 수 있다. 그리하여 메히코시 근처의 땅이나 많은 동굴로부터 질산칼륨을 다량으로 손에 넣을 수 있었다.

불을 뿜어내는 포포카테페틀

코르테스가 어떻게 해서 황을 손에 넣었는지와 관련한 매우 재미있는 이야기가 있다. 화약이 결핍되기 몇 년 전에 그는 부하와 진군 도중에 인디언들이 포포카테페틀이라고 부르는 매우 높은 산을 지나갔다. 포포카테페틀은 〈연기를 내뿜는 산〉을 의미한다. 활화산인 것이다. 원주민들은 외경(畏敬)과 공포의 마음으로 이 산을 바라보았으며, 이것을 둘러싸고 수많은 전설이 생겼다. 어떤 사람은 이 산이 나쁜 지배자의 죽은 혼령이 사는 곳으로서 영혼이 괴로워서 소리 높여 울부짖는 것이라고 믿었다. 다른 사람은 신이 사는 곳이라고도 생각했다. 원주민들이 이 산에 절대로 올라가지 않으려고 했던 것도 그 때문이다.

코르테스가 1519년 처음으로 이 산에 가까이 갔을 때 화산은 마침 활발한 활동 상태에 있어서 불과 재와 연기를 맹렬하게 하늘로 뿜어내고 있었다.

스페인인들은 원주민들이 감히 이 산에 오르려 하지 않는 것을 알았다. 그리하여 선장 한 사람과 부하 두 사람이 산으로 올라가 보기로 했다. 그것은 스페인인들이 원주민들보다 뛰어난 사람이라는 것을 과시하기 위해서였다. 원주민 몇 명이 설득되어 억지로 스페인인과 함께 출발하였으나 산중턱의 어떤 장소에 멈추어 서서는 더 이상 가려고 하지 않았다. 이곳은 바로 전설에서 신들이 살고 있다는 곳의 입구였다.

원주민들의 공포를 무릅쓰고 스페인인들은 신들의 거처로 들어가 더욱 높이 올라갔다. 그러나 그들은 산꼭대기에 이르기 전에 되돌아왔다. 정상은 눈과 얼음으로 뒤덮여 있어서 도저히 그 이상 올라갈 수 없었기 때문이다. 그러나 눈과 얼음이 최악의 난관은 아니었다. 왜냐하면 화산이 재와 황 냄새가 나는 연기구름을 뿜어내고 있었기 때문이었다. 그들은 눈과 얼음의 부서진 조각만을 갖고 되돌아왔다. 이것을 보고 코르테스는 매우 놀랐다. 왜냐하면 이 나라는 적도 부근에 있으므로 매우 더워야 했기 때문이다[코르테스는 적도 바로 아래에서도 고도가 매우 높은 곳에서는 온도가 빙점(氷點) 이하인 것을 알지 못했다].

화구로부터 황을 훔쳐내다

1521년 코르테스는 포포카테페틀에 오른 탐험대가 황 냄새가 나는 구름과 마주친 것을 생각해 내고 당연히 이 산 위에 황이 있을 것이라고 믿었다. 이런 곳에서 황을 손에 넣는다는 것은 위험한 일이 틀림없다고 생각했으나 한편 그는 자신이 이

끄는 군대에 죽음을 두려워하지 않는 사람이 조금은 있다는 것
을 알고 있었다. 무력(武力)을 좌우하는 화약이 절망적일 만큼
바닥을 보이던 시기였으므로 그는 주저 없이 프란시스코 몬타
나를 대장으로 뽑아 선발된 부하 4명과 함께 그 산에 오르게
했다.

이때는 화산활동이 멈춰 있었으므로 이번 탐험대는 재와 연
기에 시달리지 않아도 됐다. 어려운 등산 끝에 그들은 정상에
도달해서 분화구의 가장자리에 올라갔다. 눈앞에 크고 깊은 못
이 뻥 뚫려 입을 벌리고 있었다. 화구는 불규칙한 모양을 하고
있었고 지름이 300m에서 700m나 되었다. 그들은 화구 속을
들여다보고 깊이가 300m 정도는 될 것이라고 판단했다. 심연
의 밑바닥에서는 청백색 불꽃이 타오르면서 황의 증기를 뿜어
올리고 있었다. 증기는 상승함에 따라 냉각되어 동굴의 암벽에
고체의 황으로 달라붙어 있었다. 그들은 화구 둘레의 가장자리
에서 황을 찾아낼 수 있다고 기대했으나 이러한 기대는 어긋났
다. 그러나 화구 내부의 깊은 곳에는 황이 쌓여 있었다. 그들은
그것을 조금이라도 가지고 가려고 했다.

그러나 화구 속으로 내려가는 것은 역시 어려운 일이었다.
그들은 서로 의논해서 누가 내려갈 것인가를 제비뽑기로 결정
하기로 했다. 제비는 대장에게 돌아갔다. 탐험대는 황을 가져가
기 위해서 바구니를 갖고 왔다. 바구니 하나를 화구의 가장자
리까지 끌고 가서 밧줄에 매고 그 속에 대장을 담아 화구 속으
로 천천히 내려 보냈다.

약 130m 아래에 도달했을 때 몬타나는 재빨리 암벽에서 황
을 긁어내어 바구니에 가득 채웠다. 이 작업은 되풀이되어 몬

몬타나는 황을 구하러 화구로 내려갔다

타나는 결구 일곱 번 화구 속에 내려갔다. 드리어 150㎏의 황이 모이자 스페인인들은 산을 내려와서 메히코시로 돌아왔다. 그들이 얻어온 황으로 2,000㎏ 이상의 화약을 만들 수 있었는데 이것은 상당히 오랜 기간 지탱할 수 있는 분량이었다.

　이것이 코르테스가 발휘한 재치 있는 계략이었다. 이리하여 그는 부족한 용품을 모두 보급할 수 있게 되어 적들이 악의를 품고 꾸며낸 온갖 방해를 훌륭히 극복했다.

　코르테스는 국왕에게 화약을 손에 넣은 방법을 보고하는 가운데 야유 섞인 말로 다음과 같이 적고 있다.

　『그것은 전체적으로 볼 때 화약을 스페인으로부터 수입하는 정도만큼 귀찮은 일은 아니었을 것입니다.』

8. 엡섬의 소금

1618년 여름, 영국의 서리 주에는 심한 가뭄이 계속되어 구릉지 어느 곳에서나 물이 부족하였고, 특히 엡섬(Epsom)이라고 불리는 작은 마을은 소들이 마실 물조차 없어서 매일 고생을 했다. 이곳 주민인 헨리 워커(Jernry Walker)도 여느 사람들과 마찬가지로 소에게 줄 물이 거의 없었다. 그런데 어느 날 그는 자기 밭 가운데를 살피던 중에 지면에 작은 구멍이 나있는 것을 보았다.

그것을 보고 그는 매우 놀랐다. 비가 오랫동안 내리지 않았는데 이 구멍에는 물이 가득 고여 있었던 것이다. 그는 근처에 물이 솟는 샘이 있는 것이 틀림없다고 생각했다. 그리하여 사람을 사서 주위의 땅을 파게 했다. 예측한 대로 샘이 하나 나타났다. 여기에서 끊임없이 물이 솟아 나오고 있었다. 워커의 물 없는 괴로움은 해결되는 듯 했다. 고용된 사람들이 구멍을 크게 넓혀서 소들이 쉽게 물을 마실 수 있도록 해 놓았기 때문이다.

워커는 소들을 연못이 있는 밭으로 끌고 갔으나 어느 한 마리도 그 물을 마시려고 하지 않았다. 워커는 실망했지만 물속에 무엇인가 이상한 것이 섞여있다는 생각으로 그 물의 샘플을 분석가에게 보냈다. 물은 맛이 쓴 물질인 명반을 포함하고 있다는 결과가 왔다. 명반은 그 당시 염색, 세탁할 때에 쓰이거나 칼로 베인 자리나 상처의 치료에 널리 사용되고 있었다(6장 참조).

그리하여 워커는 가축에게 물을 마시게 하는데 실패했으나 이 물로부터 명반을 얻어서 많은 돈을 벌었다.

72

황소는 한사코 샘물을 마시지 않았다

　그런데 1630년 여름, 생각지도 않았던 행운이 또 하나 찾아왔다. 워커의 연못을 지나가던 장인들이 너무 목이 말라서 연못에 있던 쓴 물을 참고 마셨다. 그런데 얼마 안가서 모두 설사를 일으켰다. 그리하여 이 물에 설사의 작용이 있는 것을 알았다.

　명반 외에 무엇인가 섞여 있는 것이 확실했다. 분석이 되풀이되어 오늘날 황산마그네슘*이라 불리는 물질이 포함되어 있는 것이 밝혀졌다.

　이 전설에는 몇 가지 다른 종류가 있는데 다음 이야기는 발견의 시기를 훨씬 앞선 1618년으로 잡고 있다.

　『엘리자베스 여왕의 치세(治世)가 끝날 무렵, 일부 사람들이 엡섬

* 영국에서는 설사제로 쓰이는 황산마그네슘($MgSO_4$)을 엡섬염(Epsom Salt)이라고 한다. 우리나라에서는 사리염(瀉利鹽)이라고 한다.

마을의 서쪽 반마일의 공유지에 있는 연못의 물이 종기나 그 밖에 몸이 불편하여 괴로움을 당하는 시골 사람들에게 잘 듣는다는 것에 생각이 미쳤다.

제임스 1세 때 몇 명의 의사가 이 물의 평판을 듣고 엡섬으로 찾아왔다. 의사들은 물을 분석하여 〈설사제의 작용이 있는 쓴 맛의 소금〉을 포함하고 있음을 발견했다. 그들은 이런 종류의 연못은 영국에서 처음 발견된 것이라고 보고했다. 이 의사들은 연못의 소문을 멀리 전했으므로 드디어 많은 사람들이 이 물을 마시기 위해서 엡섬을 찾아오게 되었다.

이리하여 영주는 연못에 벽으로 울타리를 둘러치고 찾아오는 환자들을 위해서 휴게소를 만들기로 했다」

엡섬의 번창

17세기의 어떤 기록은 엡섬에 가서 이 〈하늘이 준 약〉을 마신 많은 유명한 사람들의 이름을 들고 있다. 그 중에 한 사람이 찰스 1세의 아내 헨리에타 마리아(Herrietta Maria)의 친정 어머니 마리아데 메디치(Maria de Medici, 1573~1642)로서, 스튜어트 시대에 사교계의 많은 사람이 그녀의 흉내를 냈다. 왕정복고(王政復古) 뒤에는 닐 콰인이 여기에 〈메리 하우스〉를 만들었고 찰스 2세가 가끔 찾아왔다.

17세기가 끝날 무렵에 엡섬은 유행의 중심이 되었고, 길이 20m 이상의 무도장을 가진 크고 눈부시게 아름다운 건물이 세워졌다. 영국 최대라고 불리는 술집이 개업했고 거리는 마차에 탄 사람, 의자 가마에 탄 사람, 걷는 사람들로 붐볐다. 이 마을은 매우 인기가 있어서 아무리 새 건물이 세워져도 이곳을 찾아오는 모든 사람을 다 묶게 할 수는 없었다.

사람들은 물을 마신 다음에도 할 일이 많았다. 매일 아침 〈샘〉에서는 대규모의 공동 아침식사가 있었고, 그 다음 음악이 연주되었다. 매일 낮에는 경마가 있었고 오후에는 도보 경주, 곤봉 경기, 레슬링, 권투 시합 등이 있었다. 밤에는 개인적인 파티나 집회, 트럼프 놀이 등이 벌어졌다.

경마는 언제나 인기 있는 경기였다. 더비(Derby)*라 불리는 유명한 경기는 1780년부터 시작되었고, 그에 못지않게 유명한 경기인 오크스(Oaks)라는 다음해부터 시작되었다〔더비는 더비 경(卿)의 이름에서 딴 것이고, 오크스는 엡섬 가까이에 있던 더비 경의 저택 중 하나인 오크스에 비롯되었다〕.

엡섬에 갈 수 없는 사람들 중에도 이 유명한 물을 마시고 싶어 하는 사람이 많았다. 그래서 물로부터 황산마그네슘의 결정(結晶)을 얻어서 그들에게 보내는 조직이 생겼다. 이 결정은 눈이 튀어나올 만큼 비싸서 차 한 스푼에 5실링까지 했다.

그러나 이윽고 이 마을의 인기도 사그라졌다. 그 이유 중 하나는 황산마그네슘의 결정을 엡섬과 전혀 관계없는 원료로부터 제조할 수 있게 되었기 때문이다. 그러나 이 물질 자체는 오랜 세월을 거쳐 약으로 사용되어 왔으며, 지금까지도 엡섬염(사리염)이 설사제로서 대량으로 이용되고 있다.

---

* 영국 서리주 엡섬에서 해마다 보통 6월 첫 수요일에 베풀어지는 경마.

9. 개의 동굴

〈개의 동굴〉, 이탈리아어로 말하면 〈크로타 델 카네(Crota del Cane)〉는 나폴리 근처의 아냐노 호반에 있다. 이 호수는 주위가 약 3㎞이고, 사화산(死火山)의 화구에 물이 고여서 만들어졌다. 동굴은 아주 특이한 성질을 가지고 있다. 이 때문에 이런 이름이 붙었고 또 〈꼭 보아야 할 명소〉로서 인기를 끌고 있었다.

실제로 몇 백 년에 걸쳐서 많은 사람이 이곳을 찾아왔다. 이제부터 드는 인용문은 모두 18세기에 쓰인 것이다. 이때 〈독기〉라거나 〈증기〉라고 적힌 말은 오늘날 〈가스〉, 〈기체〉라고 부르는 것을 의미한다.

어떤 사람의 기술을 보면

『이 동굴의 밑바닥으로부터 희박하여 붙잡기 어렵고 미적지근한 독기가 위로 피어 올라온다. 예리한 눈이라면 충분히 보일 것이다. 독기는 이곳저곳에 하나의 덩어리가 되어 끓어오르는 것이 아니고 하나의 연속한 흐름이 되어 동굴 밑바닥 전면을 덮는다. 보통의 증기와 전혀 다르며 연기처럼 공중에 흩어지는 것이 아니라 피어오른 다음 곧 지면에 가라앉아 약 30㎝의 높이에서 멈추고 있다. 그러므로 동물의 머리가 이보다 높게 치켜져 있는 한 그 속에 서 있어도 곤란할 것은 조금도 없다』

그러나 많은 불행한 동물들은 그렇게 있도록 허락되지 않는다. 그러므로 이렇게 된다.

『우리를 생 제르맹(Saint Germain)의 온천에 안내한 남자는 이 동굴을 지키는 사람이기도 했는데, 이 남자는 우리들이 마차에 태워 데리고 온 개를 보고는 이것을 붙잡아서 이상한 실험의 재료로 삼 으려고 하였다.

그러나 나는 허락하지 않았으므로 그는 자기가 기르던 개를 붙잡 으려고 달려갔다. 개를 이끌고 돌아온 그는 몸을 구부리고 무릎을 꿇어 동굴에 들어갔다. 다음에 개의 네 발을 붙잡아 거꾸로 늘어뜨 려서 얼마 동안 그대로 있었다. 곧 개는 짖으면서 몸을 부들부들 떠는 것이었다. 이윽고 개는 눈을 부릅뜨고 혀를 늘어뜨리고 힘이 빠지자 끝내 기절해 버렸다.

죽은 것처럼 되었을 때 남자는 개를 그곳에서 20보 정도 떨어진 아냐노 호수 속에 집어 던졌다. 개는 곧 의식을 회복하여 물에서 나오자마자 있는 힘을 다해 도망쳐 버렸다. 아마 실험동물이 되는 것을 무서워했기 때문이리라. 나는 안내인에게 반쯤 죽은 개가 살아 난 것은 이 호수의 물의 효험 때문이라고 생각하는지 어떤지를 물 었다. 그는 딱 잘라 대답했다. "물론 이 물만이 개가 완전하게 죽는 것을 막는 것입니다. 저뿐 아니라 유럽 전체가 그렇게 생각하고 있 습니다."』

안내인의 개는 동굴 속에서 어떤 지경에 이르는지를 알고 있 었으므로 기꺼이 그 속에 들어갈리 없었다. 억지로 끌어오지 않으면 안 되었다. 그러나 구경꾼이 기르고 있는 개라면 아무 것도 모르고 기꺼이 주인의 뒤를 따라 들어갔을 것이다. 인간 이라면 동굴 속에서는 아무 변화도 없이 걸어서 돌아다닐 수 있으나 개의 경우에는 곧 땅바닥에 넘어져서 구경꾼을 놀라게 했을 것이 틀림없다. 개 이외에도 여러 가지 생물을 사용한 실 험이 이루어졌다. 유명한 영국의 저술가 에디슨은 살모사를 동 굴 속에 넣었을 때 어떤 일이 일어났는지를 기술하고 있다.

개의 동굴과 아냐노 호수

『살모사를 동굴 속에 첫 번째로 넣었을 때는 9분간 견디고 두 번째는 10분을 견디었다. 첫 실험 뒤에 살모사를 밖으로 끄집어냈을 때 살모사는 허파 가득히 다량의 공기를 들이마셨으므로 평상시의 거의 2배의 크기로 부풀었다. 두 번째 실험에서 1분간 더 오래 견딜 수 있었던 것은 아마 모아둔 공기 덕분이었으리라』

프랑스의 왕 샤를 8세(Charles Ⅷ, 1470~1498)가 1494년 나폴리를 공략했을 때 이 동굴도 그의 손아귀에 들어갔다. 어느 날 왕은 당나귀를 가지고 실험하기로 했다. 당나귀는 동굴 속에 끌려 들어갔고 억지로 밑바닥에 뉘어졌다. 곧 당나귀는 개와 같은 증상을 일으켰고 얼마 안가서 죽었다.

이 동굴은 또한 몇 명의 인간에게 죽음의 장소가 되었다. 예를 들어 로마황제 티베리우스는 두 사람의 노예를 동굴 속에

가둬서 죽게 했다고 전해진다. 노예를 그 속에 넣고 밑바닥을
사슬로 묶었더니 거의 그 자리에서 죽었다는 것이다.

훨씬 뒤에 나폴리 총독 톨레도(Toledo)의 돈 페드로(Don
Pedro)가 동굴에 두 사형수를 가두었더니 모두 죽었다고 보고
되었다.

16세기에는 포로가 된 한 터키인이 나폴리 총독의 명령에
따라 동굴의 밑바닥에 뒹굴어졌다. 이것은 인간이 얼마만큼 오
랫동안 살아 있을 수 있는지를 조사하는 실험이었다. 사람들은
그의 머리를 〈증기〉 밑으로 들어가게 하여 오랫동안 그대로 내
버려 두었고, 잠시 뒤 불운의 터키인을 밖으로 끌어내어 근처
의 호수에 몇 번이고 던져 넣었으나 다시는 되살아나지 않았다
고 한다.

동굴에 들어가면 개는 3분, 고양이는 4분, 토끼는 75초 만에
죽는다는 것이 알려져 있다. 또한 「인간은 이 죽음의 지면에
뉘어져 10분 이상은 살 수 없을 것이다」 라고 전해지고 있다.

앞의 삽화는 18세기에 그려진 것으로 이 장에서 말한 것을
몇 가지 보여주고 있다. 가장 앞에 있는 남자는 개를 호수에
던져서 〈되살아나게 하려는〉 장면이다. 또 한 마리의 개는 도
로 살아났거나, 동굴에 던져질 운명에서 아슬아슬하게 도망쳐
나와 급히 달아나려고 한다. 저편에는 당나귀를 억지로 동굴
속으로 끌고 들어가려 하고 있다.

동굴의 정체

이와 같은 이야기는 사람이나 다른 동물들이 이산화탄소(탄산
가스)가 가득 섞여 있는 대기 속에서는 살아갈 수 없다는 것을

실례로 보여준다.

 동굴 속의 지면에 가까운 공기를 분석하였더니 약 70%의 이산화탄소, 6~7%의 산소, 약 23%의 질소로 되어있음을 알아냈다. 보통의 공기는 이산화탄소를 1% 이하만 포함하고 있다. 동물을 사용한 연구에 따르면 이산화탄소를 25% 이상 포함한 공기 속에서는 죽지만, 10% 이하라면 장시간 호흡하지 않는 한 해를 입지 않는다. 이산화탄소는 공기보다 1.5배 정도 무거우므로 상승하지 않고 동굴 바닥 근처에 고인다. 이것은 지구 내부에서 화학변화가 끊임없이 일어나는 동안에 만들어진다. 다량의 이산화탄소가 화산을 통해서 지구 표면으로 나간다. 〈개의 동굴〉 근처는 화산지역으로서, 지하에서 다량의 이산화탄소가 만들어져 암반(岩盤)의 깨어진 틈을 통해서 동굴 속에 세차게 뿜어져 나왔던 것이다.

10. 공화국은 과학자를 필요로 하지 않는다

과학자 라브와지에

안트완 로랑 라브와지에(Antoine Laurent Lavoisier, 1743~
1794)는 부유한 프랑스인의 아들로 1743년 태어났다. 젊었을
때부터 학업에 뛰어난 재능을 나타냈으며 특히 과학연구에 흥
미를 가졌다. 그 당시에는 여러 가지 직업에서 과학을 연구하
는 사람들이 급속히 늘어가고 있었다. 라브와지에는 부자였고
필요한 재료를 사서 언제든지 손에 넣을 수 있었으므로 곧 당
시의 가장 뛰어난 과학자 중 한 사람이 되었다. 1767년 프랑
스의 지질학적 측량을 한 다음 25세라는 젊은 나이에 프랑스
왕립 과학아카데미의 회원으로 뽑혔다.

그가 그 이후 이루어 놓은 업적은 이러한 이례적(異例的)인
발탁에 보답하고도 남았다. 그는 그때까지 믿어지던 연소의 이
론〈플로지스톤설*〉이 틀렸다는 것을 밝혔고, 정밀한 천칭(天秤)
을 사용하는 것이 모든 과학 연구에 꼭 필요한 수단이라는 것
을 분명히 하였다. 그러나 이 장에서는 주로 라브와지에와 당
시 국가의 지배자의 관계를 다루려고 하므로 그가 정부를 위해
서 한 업적만을 들기로 하겠다.

1775년 그는 정부의 화약 공장의 관리자로 임명되어 화약위

---

* Phlogiston Theory. 그리스어의 플로지스토스(불이 탄다)라는 말에 연유
한다. 17세기말 독일인 베헤르(J. J. Becher, 1635~1682)와 슈탈(G. E.
Stahl. 1660~1734)이 제창한 학설이다. 숯이나 기름 같은 가연성 물질이나
비금속에는 플로지스톤이 함유되어 있으며, 이 성분이 함유되어 있지 않
은 물질은 타지 않는다고 했다. 이 학설은 후에 라브와지에에 의해서 그
잘못이 규명되었다.

실험실에서의 라브와지에. 안쪽에는 부인이 기록을 하고 있다

원회의 위원으로서 화약의 폭발력을 크게 하는 수단을 발명했다. 또한 미터법의 확립과 농업에 있어 과학의 응용으로 국가에 크게 공헌했다. 혁명이 일어났을 때 혁명 지도자는 처음부터 그에게 도움을 요청해서 쉽게 위조할 수 없는 지폐인 〈아시냐지폐〉의 제조에 관해서 라브와지에의 의견을 들었다.

세금징수인 조합원 라브와지에

혁명이 일어나기 전, 프랑스에서는 관세나 담배세, 소금세, 일부의 주류(酒類)에 대한 세금을 거두는 일을 〈세금징수인 조합〉이라는 부유한 금융가의 집단이 대신해서 맡고 있었다. 그들은 국가에 매년 일정액의 돈을 지불하는 대신 거둔 세금을 전부 자기들이 나누어 가졌다. 1768년 라브와지에는 세금징수인 조합의 일원이 되었고, 그의 능력으로 말미암아 곧 경영면에서 탁월한 지위를 차지하게 되었다.

그는 곧 막대한 재산을 모았다. 어떤 시대나 나라이건 세금을 거둬들이는 사람들이 인기가 있었던 일은 없었으나 프랑스의 세금징수인 조합은 특히 미움을 받았다. 그들의 중요한 관심은 거대한 이익을 올리는 데 있었다. 탈세나 밀수, 특히 높은 세율을 부과하는 소금의 밀수에는 매우 엄한 형벌을 주도록 하였다. 그들의 재무과를 둘러싸고 많은 추문이 있었고, 특히 세금징수인 조합원이 고위층이나 유력자에게 불법적인 지출을 했거나 왕이나 왕의 애인들이 해마다 그들로부터 많은 돈을 받았던 것으로 알려져 있었다.

그러므로 혁명으로부터 2년이 지난 1791년에 국민의회가 징수인조합의 폐지를 선포하고 이후 2년의 여유를 주어 조합재정을 청산하여 보고하라고 명령했을 때, 놀란 프랑스 사람은 거의 없었다. 그러나 세금징수인들은 이 작업을 매우 느리게 진행시켜 주어진 2년이 다 지나도 청산하지 않았다. 불필요한 지연과 또 다른 이유도 있었으므로 그들에 대한 비난은 들끓어서 1793년 11월에 한 의원이 〈이 흡혈귀들〉의 체포를 요구했다. 국민의회는 관례에 따라 라브와지에를 포함하여 모든 세금징수인들의 체포를 명령했다.

재판과 처형

체포된 사람들은 1794년 5월까지 재판을 기다렸다. 이달에 그들은 혁명재판소에 끌려 나와서 관례대로 개별 심문을 받은 다음에 재판이 시작되었다. 수석재판관은 코피나르라는 사람으로서 눈앞에 끌려 나온 희생자의 입장은 아랑곳하지 않고 비꼬거나 익살떨기를 즐겨했다.

세금징수인 조합원은 여러 종류의 착취와 횡령을 일삼아서 프랑스 국민에게 손해를 끼쳤다는 죄목으로 공동책임자로서 또한 개인으로서도 고발되었다. 또한 담보로부터 과대한 이익을 취득했다든가, 국고에 지불해야 할 돈을 중간에서 가로채었다든가, 담배에 물 따위를 섞어서 시민의 건강에 해를 끼쳤다는 그밖에 일로서도 고발되었다.

마지막으로 들춰진 고발내용은 날조된 것이었다. 그것은 고발자 자신이 담배의 제조 과정에서 잎에 얼마만큼의 물을 가해야 하는지를 잘 알고 있었기 때문이다. 고발자는 물이 필요한 양을 넘었다거나 또 해로운 성분이 가해졌다고 하는 증거를 하나도 제시할 수 없었다.

라브와지에를 비롯한 징수인 대부분에게 사형이 선고되었다. 당시의 관례에 따라 판결 후 몇 시간 내에 처형이 있었다. 재판 중에 라브와지에가 프랑스에 커다란 과학적 공헌을 했다는 것을 지적하는 탄원이 시도되었으나 효과는 없었다. 또 어떤 사람은 라브와지에가 진행하고 있는 중요한 실험이 완료될 수 있도록 판결을 2주일 동안 지연시켜 달라는 청원을 제출했다고

84

한다. 코피나르가 오늘날까지 악평 높은, 다음과 같은 말로써 딱 잘라 거절했던 것은 그때였다.

「공화국은 과학자를 필요로 하지 않는다. 재판을 진행시키지 않으면 안 된다」

라브와지에의 죽음은 지식인의 세계에 커다란 충격을 주었다. 칼라일(Carlyle)은 이렇게 적었다.

『봄은 그 푸른 잎과 밝은 햇살을 보낸다. 밝고 더없이 밝은 5월, 그러나 죽음은 멈춰 서지 않는다. 라브와지에, 이 고명한 화학자는 살해된다. 화학자 라브와지에는 세금징수인 조합원이기도 했다. 이제 '모든 세금징수인 조합원은 체포된다.' 한 사람도 남김없이. 그리고 그들의 돈과 총수입이 몰수된다. '그들이 팔았던 담배에 물을 섞었다'는 죄목 등으로 말미암아 죽게 된다.

라브와지에는 어떤 실험을 성취하기 위해 다시 2주일만 더 목숨을 연장해주기를 원했다. 그러나 공화국은 그따위 것을 필요로 하지 않는다. 길로틴의 칼날은 그 일을 하지 않으면 안 된다』

라브와지에 추도

라브와지에가 처형된 것은 〈공포정치〉가 끝나기 겨우 몇 달 전이었다. 그때 로베스피에르나 다른 많은 지도적 혁명가들도, 코피나르까지도 마찬가지로 길로틴*에 안제 되었던 것이다.

점차 프랑스 사람들은 위험을 느끼는 일 없이 자기 생각을 말할 수 있게 되었다. 곧 프랑스의 많은 과학자가 공공연하게

* Guillotine. 프랑스의 의사 기요틴에 의해 발명된 사형집행용의 단두대. 원어는 기요틴이지만 흔히 영어식 발음으로 길로틴이라고 부른다.

라브와지에의 사형을 애석하게 생각했다. 이 무렵에 유명한 프
랑스 과학자 라그랑지(Joseph Louis Lagrange, 1736~1813)는
오늘날에도 잘 알려져 있는 다음과 같은 말을 했다.

「그의 머리를 쳐 떨구는 데는 정말로 일순간 밖에 걸리지 않았으
나, 그와 같은 머리를 또 하나 만들어내는 데는 백년이 걸린다고
해도 충분하지 않을 것이다.」

1796년 8월 12일, 리세 데 자르(Lycee des Arts, 미술학교)에
서 라브와지에를 추모하는 추도식이 거행되었다. 리세의 연차
기록에 추도식에 관한 것이 자세하게 기록되어 있다. 이 다분
히 신파조(新派調)가 섞인 연출은 당시의 기호에 영합되는 것이
었다.

『리세의 입구는 광대한 지하실로 들어가도록 설비되었고 위쪽에
는 〈불멸의 라브와지에게〉라는 글자가 새겨져 있었다. 첫 번째 방에
는 볼테르와 루소의 묘의 모형이 있고 화환, 푸른 잎사귀, 꽃으로
장식되어 있었다. 층계를 향해서 새로 자른 포플러로 측면을 만든
높이 8m의 피라미드가 있었다. 피라미드의 받침대는 흰 대리석으
로 만들어졌고 장례식 때의 아치모양을 하고 있었으며 〈죽은 자들
에게의 경의〉라고 새겨져 있었다. 홀은 3천명을 수용할 수 있는 설
비가 되어 있고 흰 무늬가 수놓인 검은 천으로 장식되어 꽃 밧줄이
드리워지고 20개의 장례식용 등불이 켜져 있었다. 기둥 하나하나마
다 라브와지에가 발견한 제목 하나씩을 적은 방패가 드리워져 있었
다. 홀 배후에는 또한 데소와 빅다질의 묘의 모형이 세워졌고 커다
란 커튼이 공작(公爵)의 예복 모양으로 드리워져 있었다.

많은 청중이 나란히 앉아 있었다. 남자들은 검은 옷을 입고 여자
들은 흰 옷에 장미 머리장식을 달았다. 식순에는 〈죽은 자에게 어울

리는 경의)를 표하는 연설, 라브와지에를 향한 유명한 과학자 푸르
크르와(Antoine Francois Fourcroy)의 찬사와 그의 영혼의 불멸을
찬송하는 합창이 포함되어 있었다.

　마지막은 이 식을 위해서 특별히 쓰인 성가였다. 이것을 노래하
기 위해 구석에 있던 커튼이 젖혀지고 주연 가수들과 백 명의 합창
대가 자유의 여신상을 꼭대기에 얹은 라브와지에의 묘를 둘러싸고
나타났다. 코러스가

　「그의 천재를 영원히

　성스러운 것으로 하기 위해서

　그를 가리는 기념비를 세워라」

의 구절로 끝나자 하나의 파라미드가 나타났다. 그 위에는 라브와지
에의 반신상이 얹혀 있었다. 그 머리에는 전통적으로 언제나 천재에
게 주어진 불멸의 월계관이 장식되어 있었다」

　이는 한 사람의 과학자를 기리면서 거행된 식 중에서 가장
인상 깊었던 추도식 중 하나였다.

11. 우연하게 나온 색깔

색깔 중에는 고대로부터 매우 존중되어 왕후(王侯), 귀족이나 권력자가 아니고서는 사용하면 안 된다고 정해진 것도 있었다. 그러나 오늘날에는 선명함과 호화로움으로 그런 고대 왕족의 색깔에 필적(匹敵)하는 색이 많이 있을 뿐만 아니라 그것보다 더 나은 것 도 있다. 더구나 그렇게 아름다운 색깔이 놀랄 만큼 값싸게 만들어져 대부분의 가정에서 쉽게 구입할 수 있다. 이런 염료 가운데 몇 가지는 매우 우연한 기회로 발견되었다. 이제부터 설명하는 두 가지 이야기가 그 전형적인 예이다.

프러시안 블루의 발견

1710년 어느 날, 디스바하(Diesbach)라는 염료제조가가 실험실에서 명반과 어떤 철염(鐵鹽)의 용액을 코치닐[Cochineal, 카민(Carmine)이라고도 하며 어떤 곤충에서 얻어지는 붉은 염료]을 사용하여 실험하고 있었다. 이 실험에는 알칼리 용액이 필요했으므로 그는 같은 실험실에서 연구하고 있던 다른 화학자로부터 그것을 한 병 빌렸다.

다른 물질이 들어있는 그릇에 이 알칼리를 부었다. 여느 때와 마찬가지로 이러한 조작으로 붉은 염료가 침전될 것이라고 생각했다. 그러나 그는 소스라치게 놀랐다. 푸른 침전이 생겨버린 것이다.

이 기묘한 색의 변화가 어떻게 해서 일어났는지를 다른 화학자와 의논했다. 상대방은 자기가 건네준 병에 들어있던 것이 새로 만든 알칼리 용액이 아니고 앞서 한번 실험에 쓰였던 것

88

임을 상기했다. 앞선 실험에서 그는 알칼리를 어떤 동물성 물질, 아마도 소의 피에 섞고 그다음 병에 부어두었던 것이었다. 그러므로 알칼리가 더러워져 있었던 것이 확실했다.

『디스바하가 발견한 이 푸른 염료(프러시안 블루)를 만드는 방법은 비밀로 부쳐 전해지지 않으나 여기에서 말하는 〈동물성 물질〉은 소의 피였다고 생각한다. 얼마 뒤 1724년에는 영국의 화학자 우드워드(Woodward)가 실제로 이것을 사용해서 프러시안 블루를 만들었다. 그는 건조시킨 소의 피에 탄산칼륨(K_2CO_3)을 섞어서 세게 가열한 후에 시안화칼륨(KCN)을 얻었다. 다음에 이 시안화칼륨에 녹반〔황산제일철($FeSO_4$)〕과 명반을 가하고 생성물을 염료산으로 처리하여 프러시안 블루를 얻었다』

또 한 사람의 화학자는 마땅히 더러워진 알칼리를 디스바하에 건넬 때 이것은 순수한 것이 아니라고 미리 알려 주었어야 했는데, 이 경우 부주의한 행위가 의외의 결과를 가져와서 두 화학자는 이것이 연구할 만한 일의 실마리가 될 것이라고 믿게 되었다.

그리하여 두 사람은 이번에는 계획적으로 앞서 우연히 일어났던 일을 되풀이하였다. 순수한 알칼리용액에 소의 피를 가하고 이것을 코치닐, 명반, 철염을 섞은 것에 부었다. 또 다시 진한 푸른 물질이 생겼다. 그들은 즉시 이것이 아주 훌륭한 염료가 된다는 것을 발견했다. 이 물질은 발견된 나라에 경의를 표하여 〈프러시안 블루〉*라 불리게 되었다.

프러시안 블루의 제조방법은 당분간 비밀로 부쳐 제품은 비

---

* 3가의 철염에 시안화철(II)산 칼륨〔$K_4Fe(CN)_6$〕을 가하면 진한 푸른색의 침전이 생기는데 이것을 Prussian Blue라고 한다.

싼 값에 팔렸다. 그러나 1724년 다른 화학자가 상세한 제조공
정을 발표하여 많은 나라에서 다량으로 생산하게 되었다.

교수 호프만과 조수 퍼킨

두 번째 이야기를 시작하기 전에 먼저 설명해 두지 않으면
안 될 것이 있다. 19세기에 상당히 접어들고서도 역시 화학물
질은 유기물과 무기물이라는 2개의 부류로 명확히 구별되어 왔
던 점이다.

유기물은 설탕이나 녹말과 같이 생명에 관계있는 물질로서,
자연 그 자체의 힘으로 식물이나 동물의 살아있는 체내에서만
만들어지는 것이라 믿어져 왔다. 이와는 반대로 무기물은 흙이
나 공기나 물속에 있는 것, 예를 들면 소금, 모든 금속, 산소,
점토, 석회석 등과 같은 것으로서 화학자가 그 당시에 실험에
서 만들 수 있는 물질은 모두 무기물에 속했다.

그러나 1828년 독일의 화학자 프리드리히 뵐러*(Friedrich
Wohler, 1800~1882)가 그때까지 동물의 체내에서만 생성되었
던 요소라는 물질을 실험실에서 만드는 데 성공하였다.

이것은 매우 중요한 발견이었으며, 이를 계기로 화학자들은
그때까지 동식물에서만 얻을 수 있었던 다른 많은 물질도 실험
실에서 만들 수 있다는 것을 점차 알게 되었다.

이로부터 몇 년이 되지 않아 실제로 다른 많은 유기물이 실
험실 에서 만들어졌다. 이러한 화학 방면에 특히 주목한 것은
독일의 화학자들이었다.

---

* 1828년 무기물질인 시안산암모늄을 가열하여 유기물질인 요소를 만들
었다. $NH_4OCN \rightarrow (NH_2)_2CO$

그 중에서 가장 뛰어난 한 사람이 아우구스트 호프만(August Wilhelm von Hofmann, 1818~1892)*으로서 특히 콜타르를 연구하였다. 학생 시절에 그는 콜타르로부터 추출한 어떤 물질이 인도람(印度藍, 그 당시 산업에서는 푸른 인디고 염료가 많이 쓰였으나 그 전부를 이 식물에서 얻었다)에서 얻은 물질과 같은 것임을 증명하였다. 이 물질은 푸른색을 의미하는 아라비아어 〈아닐〉에서 이름을 따와 아닐린(Aniline)이라 불렀다.

1845년 호프만은 런던의 왕립화학학교 교수로 임명되었고 학교 실험실에서 천연물질을 만들기 위한 실험을 계속했다. 4년 뒤 '키니네(Quinine)라는 천연물질을 만들 수 없을까?'하고 깊이 생각하였다.

그러나 그것에 관한 실험적 연구에는 아직 전혀 손을 대지 않았다. 키니네는 당시 매우 중요한 약으로서 실제로 20세기 전반까지도 대부분의 의사들이 널리 사용하였다. 1849년에는 이것을 키나**의 나무로부터 얻고 있었다.

약 3년 후 호프만은 15살의 어린 소년 윌리엄 헨리 퍼킨(Sir. William Henry Perkin. 1838~1907)을 실험실의 조수로 임명했다. 퍼킨은 학생 때부터 화학에 큰 흥미를 갖게 되었고 양친은 집에 실험실을 만들어 주면서 그의 연구를 격려했다. 퍼

---

* 독일의 화학자. 1818년 4월 8일 기센(Giessen)에서 출생하여 그곳에서 법학과 화학을 공부했고 폰 리비히(von Liebig) 밑에서 화학을 공부했다. 1845년 영국에 초정되어 많은 화학자를 양성한 다음 1864년 귀국했다. 벤젠에서 아닐린을 제조하는 방법 등 유기화학 분야에서 많은 업적을 남겼다.
** 키나(Kina) 나무의 껍질을 말린 것. 알칼로이드를 많이 함유하여 강장제, 키니네의 원료로 쓰인다.

자기 집 실험실에서 연구하는 젊은 퍼킨

킨은 왕립화학학교의 일을 끝마친 다음에는 자기 집 실험실에서 밤의 대부분을 보냈다. 퍼킨의 실험실은 매우 간단한 설비밖에 없었다. 그는 다음과 같이 쓰고 있다.

『나 자신의 최초의 개인 실험실은 작고 길쭉한 방을 절반 가른 것으로서 병을 올려놓는 몇 개의 선반과 책상이 한 개 있을 뿐이었다. 난로 속에 화덕(爐)을 한 개 만들었다. 수도도, 가스도 끌어다 놓지 못했다. 나는 낡은 알코올램프를 사용하여 일하는 것이 전부였으며 때로는 광에서 숯을 피우는 일도 있었다. 나는 밤과 휴일에는 이 실험실에서 일을 했다.』

보랏빛 염료가 생기다
퍼킨은 천연 물질을 실험실에서 만들기 위한 호프만 선생의 연구에 매우 큰 관심을 갖게 되어 1856년 부활절 휴가를 이용하여 키니네를 만들어 보려고 결심했다.

일부 저술가는 호프만이 퍼킨에게 이 일을 해 보도록 권유했을 것이라고 말한다. 그러나 퍼킨은 훨씬 뒤에 키니네가 약으로서 중요하다는 것을 읽고 영향을 받았기 때문이라고 말한다. 또한 퍼킨은 호프만이 7년 전에 키니네를 실험실에서 만들 수 있을지를 여러 가지로 검토하고 있었다는 사실을 알고 있었을 것이다.

퍼킨은 실험을 시작하기 전에 실험 방법에 관해서 신중하게 생각하였다. 호프만은 바로 얼마 전 콜타르로부터 얻은 물질의 조성(助成)이 키니네와 매우 비슷하게 보였으므로 우선 이것부터 손을 대기로 작정했다.

이것을 키니네로 바꾸기 위해서는 다른 어떤 물질이 필요한지를 여러 가지로 검토하고 그것을 토대로 연구에 착수한 것이다. 그러나 최초의 실험은 성공하지 못했다.

그리하여 퍼킨은 다른 물질을 사용하기로 작정했다. 이번에는 호프만이 학생 시절에 콜타르로부터 얻은 물질을 골랐다. 이 물질인 아닐린 소량을 시험관에 넣고 앞서와 마찬가지로 신중하게 선택한 소수의 물질을 사용해서 처리했다. 이번에는 시험관 밑에 검은 침전이 생겼다. 이것을 조사했더니 침전의 대부분이 알코올에 녹는 것을 발견했다.

그러나 이렇게 해서 얻은 것은 그가 구하고 있던 무색의 키니네의 용액은 아니고 아름다운 보라색의 액체였다.

『퍼킨은 적고 있다. 「나는 톨루이딘(Toluidine)의 조성에 우선 C_3H_4를 부가하고 수소 대신에 알릴을 넣어서 알릴톨루이딘을 만들면 여기에서 키니네가 생기지 않을까 라고 생각했다」

그는 톨루이딘에 아이오딘화알릴을 작용시켜서 알릴톨루이딘을
만들었다. 식으로 적으면 다음과 같다.

$$C_7H_9N + C_3H_5I = C_{10}H_{13}N + HI$$

톨루이딘   알린톨루이딘

이것을 염(鹽)으로 바꾼 다음 중크로뮴산칼륨($K_2Cr_2O_7$)으로 처리하
면 다음 반응이 일어날 것이라 예상했다.

$$2C_{10}H_{13}N + 3O = C_{20}H_{24}N_2O_2 + H_2O$$

키니네

그런데 생겨난 것은 더러워 보이는 침전이었다.

「이 결과는 예상에서 어긋났으나 나는 이 반응에 흥미를 느끼고 더
간단한 기(基)를 같은 방법으로 처리해 보려고 했다. 그리하여 아닐린
을 선택하여 이의 황산염을 중크로뮴산칼륨으로 처리했다. 이번에는
검은 침전이 생겼다.」

이 검은 침전은 보라색의 물질을 약 5% 포함하고 있었고 퍼킨은
이것을 모브(Mauve)라고 이름 지었다. 오늘날에는 모빈이라고 불리
고 있다. 그것은 페닐페나조늄(Phenylphenazonium)계의 소수의 염
료의 혼합물이다」

곧 퍼킨은 이 액체가 염료의 성질을 갖고 있는 것을 발견했
다. 그 후 이 새로운 염료는 강한 햇볕에 쬐어도 색이 쉽게 바
래지 않는 것을 알았다. 퍼킨은 이것을 '예술적인 호기심으로
염료에 대단한 흥미를 느끼고' 있는 어떤 친구에게 보였다. 그
친구는 이것이 굉장한 염료가 될지도 모른다고 생각하였다.

퍼킨은 다른 친구를 통해서 영국에서 가장 유명한 염색 회사

94

늙은 퍼킨과 그가 만든 최초의 염색공장

중 하나인 퍼드의 퓨러즈 상회를 소개 받았다. 이 회사에 모브로 염색한 비단의 견본을 보냈더니 다음과 같은 회답이 왔다.

『만약 당신의 발견이 제품을 대단히 값 비싸게 만드는 것이 아니라면 지금까지 출현했던 염료 중에서 가장 가치 있는 것 가운데 하나임은 의심할 여지가 없습니다. 그 색은 모든 종류의 물건에 대해서도 가장 바람직한 것이었습니다만, 지금까지는 비단에 관해서도 확실한 것이 얻어지지 못했고 무명실에 대해서만 비싼 비용을 들여서 겨우 염색할 수 있었습니다. 나는 당신에게 우리들이 무명에 염색한 가장 좋은 라일락색의 모양을 동봉합니다. 이것은 영국에서는 단지 한 회사에서만 염색할 수 있는 것인데 이것조차도 충분할 만큼 튼튼한 것이 못되며 당신의 견본이 견디어 낸 테스트에는 견딜 수 없었고 공기 중에 노출시키기만 해도 색이 바래져 버리는 것입니다.』

유명한 퓨러즈 상회가 보낸 칭찬이 가득한 편지가 아직 학생

나이의 퍼킨을 얼마나 기쁘게 했을 것인지는 충분히 상상할 수 있다. 퍼킨은 아버지와 형을 설득해서 그들의 조력(助力)을 얻어 내 몇 달 뒤 콜타르로부터 얻은 최초의 염료를 만드는 공장을 건설하기 시작했다.

모브의 유행

새로운 염료는 곧 대성공을 거두었다. 어쨌든 모든 색 중에서 가장 대중의 상상력에 호소하는 색이라고 하면 보라색 외에 다른 것을 고를 수는 없었을 것이다.

보라색은 과거 몇 백 년에 걸쳐 가장 귀하게 여겨진 색이었다. 오래된 예를 든다면 유명한 칠레의 보라색은 로마의 왕족이나 최상위계층에 있던 사람들만이 사용할 수 있었다. 이것은 폭군 네로보다 더 이전 시대의 일이었다. 기묘한 우연의 일치라고나 할까? 퍼킨이 새로운 보라색의 염료를 발견한 바로 그 무렵 프랑스의 왕후 외제니는 보라색 드레스를 입는 유행을 만들어냈고 당장 영국의 귀부인들이 열광적으로 이 유행을 따랐다. 이 색깔을 프랑스인들은 〈모브〉라고 부르고 있었다.

퍼킨도 자신의 새로운 염료를 〈모브〉라 이름 지었다. 영국에서는 이 말이 곧 인기의 중심이 되었다. 빅토리아조(朝)의 연예인들까지도 이것을 화제로 삼았다고 한다. 어떤 사람은 모브의 인기를 프랑스의 드레스의 색깔로부터 왔다고 하기보다는 퍼킨의 새로운 염료에서 생겨났다고 말하고 있는데 다음 글은 이를 반영하고 있어서 흥미롭다.

『이 무렵에 살던 사람이 아니고서는 이 염료와 이것이 콜타르로부터 얻어진다는 사실이 대중의 상상력을 얼마나 자극했는지를 이

해할 수 없다. 이것은 어디서나 대화의 토픽이 되어 당시 어느 무언극(無言劇) 속에서 등장인물 중 한 사람이 지금은 누구나 모브에 관한일밖에 이야기하지 않으려 한다고 탄식하며 이렇게 덧붙일 정도로 심했다. '어쩌면 참 순경까지도 요즘은 거의 모브 온*이라고 말하지 않느냐 말이다.'」

인조염료가 천연염료를 쫓아내다

그 뒤 몇 년 사이에 다른 새로운 염료가 만들어지고 그때까지 몇 백 년에 걸쳐 쓰여 왔던 천연염료가 잠시 동안에 인조염료로 바뀌어 버렸다. 이 인조염료는 천연염료보다 손쉽고 값싸게 만들 수 있었고 색깔도 다양했다.

이런 사태를 보고 호프만 교수는 퍼킨의 발견 6년 후에 재빨리 다음과 같은 예측을 했다.

『영국은 머지않아 세계 최대의 염료생산국이 될 것에 틀림없다. 아니 오히려 영국은 얼마 안가서 석탄에서 만들어지는 푸른색을 인도람(藍)을 재배하는 인도에 보내고, 증류한 붉은색을 코치닐을 산출하는 멕시코에, 나무의 겉껍질이나 잇꽃**의 무기성 대용품을 이들 식물을 현재 생산하고 있는 중국이나 일본 등지로 내보낼 것이다』

〔이전에는 나무껍질(樹皮)에서 얻은 황색의 염료나, 잇꽃에서 붉은색 염료를 만들어 썼는데 어느 것이나 1860년 당시에는 염료의 중요한 원료였다〕

---

* 모브 온은 Mauve On(모브 색이다)과 Move On(어서 가시오)을 연관시킨 말이다.
** 잇꽃(紅花)은 엉거시과에 속하는 1년초로서, 늦봄에 가지 밑에 붉은색 또는 노란색의 꽃이 피는데 꽃은 안료 또는 착색용으로 쓰인다.

불행하게도 영국의 공업화학자들은 독일의 화학자들만큼 기회를 빈틈없이 포착하지 못했다. 그 때문에 제1차 세계대전이 시작될 무렵 독일은 영국보다 훨씬 뛰어난 화학공업을 가지고 있었다. 그러나 대전의 결과로 영국이나 다른 나라들은 화학공업의 번영이 전쟁이 일어났을 때 국가에게 수많은 혜택을 가져다준다는 것을 배웠다.

석탄으로부터 만들어지는 푸른색 염료가 머지않아 인도람을 재배하는 인도에 보내어질 것이라는 호프만의 예측은 급속히 실현되었다. 이윽고 인도람은 매우 대규모로 값싸게 제조되었으므로 천연 인도람의 수입은 사실상 중단되었다. 인도람의 농장에서 일하던 몇 만 명의 인도인들은 일터에서 쫓겨났다.

모브에 이어 알리자린(Alizarine)이라 불리는 또 하나의 인조염료가 콜타르로부터 만들어져 천연염료의 자리를 꿰찼다. 본래 천연의 붉은색 염료는 꼭두서니*라는 풀의 뿌리에서 얻어지는 것으로, 꼭두서니의 재배는 프랑스와 그 밖의 유럽 국가들의 국민들에게는 수익성이 높은 산업이었다. 이것이 인조염료에 의해서 쫓겨난 것은 농민들에게 커다란 타격이었다. 겨우 스무 살의 젊은이가, 원시적인 실험으로부터 부활절 휴가 중에 성취한 발견이 화학공업과 농업에 일대 혁명을 불러 일으켰다는 것은 분명한 일이다. 그러나 이 혁명은 설사 퍼킨이 1858년에 행운에 찬 발견을 이루지 못했다 하더라도 얼마 안가서 반드시 일어났으리라고 생각한다.

---

* 다년생 만초(蔓草). 뿌리에서 검은 기가 있는 빨간 염료를 얻는다.

12. 최초의 기구

몽골피에의 열기구

몽골피에(Mongolfier)가(家)의 두 형제 조제프(1740~1810)와 자크(1745-1791)는 프랑스 론 강변의 고을 아노내에서 커다란 제지공장을 경영하고 있었다. 둘 다 비행술의 연구에 흥미를 갖고 있었는데, 두 사람은 커다란 종이 자루에 증기를 채워서 '구름처럼 가볍게 하면 구름과 같이 공중에 뜨지 않을까?' 하고 생각했다.

1783년 6월 5일에 형제는 이 착상을 확인하기 위해서 실험을 했다. 많은 사람이 실험을 구경하기 위해서 모여들었다. 지름이 12m나 되는 종이 자루를 긴 기둥 꼭대기에 묶어 매고 자루의 벌어진 주둥이 바로 밑에 밀짚과 땔나무를 산더미처럼 쌓았다. 땔나무의 산더미에 불이 붙자 연기가 뭉게뭉게 피어올라서 자루 속에 들어갔다. 곧 자루는 팽팽하게 부풀어 거대한 공이 되었다. 이 공을 떼어 놓았더니 둥실둥실 하늘로 올라가 10분도 채 안가서 약 2,000m의 높이에 도달했다. 그러나 즉시 공은 내려오기 시작해서 결국에는 포도밭에 착륙했으나 포도에는 아무 해도 끼치지 않았다.

샤를의 수소 기구

당시 유명한 프랑스 과학자 자크 샤를(Jacques Charles, 1746~1823, 기체의 온도와 부피에 관한 샤를의 법칙으로 이름을 남겼다) 교수는 이 굉장한 실험의 소문을 듣고 자신도 같은 실험을 되풀이해 보겠다고 작정했다. 그러나 샤를의 계획은 몽골피에 형제가 했던 것과는 중요한 점에서 차이가 있었다. 그는 영국의 과학자 헨리 캐번디시(Hernry Cavendish, 1731~1810)가 1766년에 발견한 새로운 기체(지금은 수소라 불린다)가 공기보다 훨씬 가볍고 그 무게가 공기의 1/10밖에 안 된다는 것을 알고 있었다(실제로 1/14.5의 무게다). 그리하여 샤를은 몽골피에 형제가 사용한 뜨거운 공기와 연기 대신에 수소를 사용하기로 결정했다. 그 당시 수소는 실험실 내에서 쇠를 묽은 염산에 녹여서 만들었다.

샤를은 그의 계획을 발표하고 필요한 자재를 구입하기 위해서 공공기부금을 모집했다. 그는 로베르라는 두 형제의 도움을 받아서 비단으로 지름 약 4m의 커다란 공을 만들고 안쪽에 고무를 발라 기체가 새어나가지 않도록 했다. 수소를 만드는데 철 500㎏과 황산 250㎏을 사용하였다. 특별히 만든 그릇 속에 철과 황산을 넣고, 그릇에 파이프를 연결해서 세차게 솟아나오는 수소를 비단 자루 속에 집어넣었다. 이 비단 자루는 〈발롱(Ballon)〉 또는 〈발룬〉으로 불렸다. 어느 것이나 〈커다란 자루〉를 의미하는 말이었다.

물론 이런 실험은 사람들의 주목을 크게 끌었다. 수소를 가득 채우는 작업은 8월 23일에 시작했으나 모여드는 군중들은 날마다 더 늘어났으므로 끝내 기구를 3㎞나 떨어진 곳에 있는 장 드 마르스라는 광장으로 옮기지 않으면 안 되었다. 기구는 한밤중에 아무도 모르게 그곳에 운반되었다.

어떤 목격자가 이 기구의 이동과 그 다음에 있었던 비행모습을 다음과 같이 말했다.

『이렇게 운반되는 기구 이상으로 기이한 광경은 아마 상상조차

기구를 나르는 한밤중의 행렬

할 수 없을 것이다. 사람들은 불이 붙은 횃불을 들고 이것을 따랐으며 한 무리의 보병과 기병이 양쪽을 호위하면서 행진하였다. 깊은 밤중의 행진이니만큼 엄중한 경계 속에서 운반되는 〈공〉의 모양과 크기, 주위를 누르고 있는 침묵, 까닭을 알 수 없는 시간, 이 모든 것은 사정을 모르는 뭇사람들을 머리끝에서부터 발끝까지 위압하는 기이한 신비감을 갖고 있었다.

길을 지나가는 마차꾼들은 넋이 빠져 마차를 멈추고 행렬이 지나갈 동안 모자를 벗고 공손하게 꿇어앉았다. 이튿날 걸어서 또는 마차로 수없이 많은 사람이 공을 띄우는 광장에 모여들었다. 군중이 너무도 많았으므로 소란을 막기 위해서 많은 군인이 동원되어 정리를 맡았다. 오후 5시에 신호와 함께 대포를 쏘자마자 공을 매어 놓았던 밧줄이 끊어졌다. 공은 2분도 채 걸리지 않아 1,000m 가까이 올라갔다. 거기서 구름 속으로 들어갔으나 곧 다시 모습을 나타내어 더 높게 올라갔다. 드디어 그것은 큰 비가 내리는 공중에서 다른 구름 속으로 모습을 감췄다. 물체가 하늘을 나는 광경은 정말로 웅대하고 흔히 보는 광경과는 너무나 동떨어졌기 때문에 구경꾼들은 누구나 흥분하고 열광하였다. 최신 유행 의상을 차려입은 귀부인들까지도 공의 움직임을 한 순간이라도 놓치지 않으려고 비에 흠뻑 젖는 것도 아랑곳하지 않았다」

기구에는 종이쪽지를 넣은 가죽 주머니가 동여 매여져 있었다. 종이 쪽지에는 띄운 날짜와 시간, 이 주머니를 발견하면 샤를 교수에게 돌려보내 주기 바란다는 부탁이 적혀 있었다.

깜짝 놀란 마을 사람들

샤를은 기구 속에 넣은 수소의 분량으로 보아 20일에서 25일간은 공중에 떠 있을 것이라 믿었다. 그러나 기구는 약 40분 뒤에 파리에서 24㎞ 떨어진 고네스라는 마을 근처의 들판에 떨어졌다.

자루의 비단은 길이 약 30㎝정도로 찢어져 있었다. 기구는 아마 6,000m 정도의 높이까지 올라갔던 것 같다. 이 높이에서는 바깥 공기의 압력이 기구 속의 수소의 압력보다 훨씬 작다. 따라서 수소를 밖으로 내미는 압력이 천을 파열시킨 것이다. 찢어진 곳에서 수소가 새어 나왔으므로 기구는 지면에 떨어져 버린 것이다.

다음의 신문기사에 의하면 시골 사람들이 하늘에서 떨어져 내려온 기묘한 물건을 보고 깜짝 놀랐음을 알 수 있다.

「두 농부가 이것이 떨어지는 것을 보고 공중을 나는 괴물이 하늘에서 내려온 것이라 생각했다. 그것은 매우 빠른 속도로 떨어졌기

하늘에서 떨어진 괴물과 싸우다

때문에, 정지할 때까지 몇 번이고 지면에 부딪쳐 튕겼으므로 이런 인상은 더욱 강했다. 따라서 농부들은 감히 접근하려 하지 않았고 한참 지난 다음에야 돌을 던졌다.

이렇게 해서 비단을 산산조각으로 만들었으나 기구는 꼼짝도 하지 않고 그대로 가로놓여 있었다. 두 사람 중에서 용기가 더 있는 사람이 살금살금 다가갔으나 짐승이 커다란 아가리를 벌리고 있는 것을 보고는 소름이 오싹 끼쳤다. 그는 짐승이 이빨을 드러내고 있을 것이라고 믿고 무서워하며, 입 속에 손을 집어넣는 일은 매우 위험하다고 생각해서 조심스레 입 속을 들여다보는 것만으로 그쳤다. 그러나 수소의 불쾌한 냄새(그것은 불순했다)는 없어지지 않았으므로 그는 머리를 떼지 않을 수 없었다. 또 한 사람은 멀리서 이 광경을 보고는 짐승이 동료를 물었다고 생각하고 재빨리 도망쳤다.

그러나 앞서의 사람은 '나는 아무런 해도 입지 않았어. 짐승은 죽었는데 얄궂은 냄새가 나' 하고 소리쳤다.

이리하여 두 사람은 용기를 북돋아 근처에서 풀을 뜯어먹던 노새를 끌고 와서 꼬리에 기구를 비틀어 매고 마을까지 끌고 왔다. 그들은 목사의 집 앞에 멈추어 서서 목사에게 이 마귀 짐승을 조사해 달라고 부탁했다. 목사는 기구에 매달렸던 가죽자루를 보고 그 속에 든 종이쪽지를 읽고는 이 기구를 누가, 무엇 때문에 만들었는지, 또 기구를 누구에게 보내면 되는지를 알았다. 그리하여 두 사람은 자신들이 맛본 공포와 노력의 답례로 무엇인가 상이 주어질 것이라고 생각하고 대단히 기뻐했다」

다른 기사는 이렇게 말하고 있다.

『처음 이것을 보았을 때 많은 사람은 이것이 다른 세계에서 온 것이라 생각했다. 분별 있는 사람들은 괴상한 새라고 여겼다. 그것은 착륙한 다음에도 그 속에 가스가 남아 있었으므로 계속 움직이고 있었다. 많은 군중 속에서 몇 사람이 용기를 내어 한 시간이나 걸려 살금살금 접근했다. 그들은 마음속으로 그 사이에 괴물이 날아가 버렸으면 좋겠다고 생각했다.

결국 각별히 용감한 한 사람이 총을 겨누고 조심스레 30㎝ 이내에까지 몰래 접근해서 발사했다. 괴물은 오그라졌으므로 승리의 함성이 울렸다.

군중들도 도리깨나 쇠스랑 같은 연장을 가지고 돌진했다. 한 사람이 피부 같은 것을 잘라 찢었더니 맹렬한 악취가 나오므로 모두 다시 퇴각했다. 그러나 그때서야 두려워했던 것을 부끄럽게 생각하는 심리가 군중들의 지각을 깨우쳤다. 그들은 떨어진 기구를 말꼬리에 붙잡아매고 말을 몰아 온 마을을 돌며 이 기구를 산산조각으로 찢어버렸다』

프랭클린, 낙하산 부대를 예상하다

미국의 유명한 과학자이며, 정치가였던 벤자민 프랭클린 (Benjamin Franklin, 1706~1790)은 기구의 최초의 상승을 구경 하였다. 그는 전쟁에 기구가 쓰일 수 있을 것이라 생각하고 이렇게 썼다.

『2인승 기구를 5천 개 만들어도 전함(포 74문 이상을 가진 당시의 군함) 5척 이상의 값에는 미치지 못할 것이다. 만약 이것을 사용해서 1만 명의 군대가 구름에서 내려와 공격해 오면 여러 장소에서 큰 손해를 가할 여유를 주지 않고 재빨리 군대를 모아서 그들을 물리치 는 일이 과연 가능할까? 방위를 위해서 온 나를 군대로 덮어둘 만 큼 여유가 있는 왕후가 어디에 있을까?』

이렇게 그는 전쟁에서 낙하산 부대가 소용되리라는 것을 그 것이 실현되기 150년이나 앞서 예상했다. 일부 프랑스인들은 '우리들의 적인 영국인이 이 아이디어를 가로채서 우리들보다 먼저 완성하여 훨씬 이전에 그들이 바다의 지배권을 빼앗은 것 처럼 하늘의 지배권도 빼앗는 것이 아닐까?'하고 걱정했다. 한 편 영국 사람들은 '기구의 발달로 영국이 침략에 대항할 수 있 는 천연의 방벽, 즉 영국 해협이 이제는 적의 상륙을 막지 못 하게 되는 것은 아닐까?'하고 걱정했다. 실제로 1784년에 쓰인 〈구름 속의 몽골피에〉라는 제목의 유명한 만화에서는 프랑스의 발명가 몽골피에가 비눗방울을 불고 있고(이것은 기구를 나타내고 있을 것이리라) 이렇게 말하고 있다.

『야! 진정 이것이야말로 위대한 발견이다. 이것은 우리 왕, 우리 나라, 우리 이름을 불멸의 것으로 하리라. 우리들은 적에게 선전을

포고하자. 우리들은 틀림없이 영국인들을 두려움에 부들부들 떨게
할 것이다. 우리들은 기구에 올라타서 그들의 야영지를 정찰하고,
그들의 함대의 진로를 방해하고, 조선소에 불을 지르고, 그리고 틀
림없이 지브랄타를 점령할 것이다. 우리들이 영국을 정복한 그때는
계속해서 다른 나라들도 정복해서 모두 대왕의 식민지로 만드는 것
이다」

샤를, 난을 모면하다

이 최초의 기구 비행에는 재미있는 후일담이 있다. 1792년
의 일이었다. 당시 프랑스인들은 국왕에 반대하여 반란을 일으
켰고, 〈기억해야 할 8월 10일〉에 파리의 폭도들은 완전히 걷잡
을 수 없이 되어 버렸다. 그들은 왕궁을 습격하여 수비하고 있
던 군인들을 학살하고 드리어 왕을 사로잡았다. 왕은 투옥되었
고 나중에 재판 비슷한 것을 거쳐 사형이 선고되어 길로틴에
걸렸다.

〈기억해야 할 8월 10일〉에 샤를 교수는 왕궁 안에 머물고
있었다. 왕은 그의 과학상의 업적을 높이 평가해서 그 보상으
로 왕궁 안에 자유로이 머무를 수 있도록 허락했기 때문이다.
폭도들은 왕궁 안을 돌아다니면서 보이는 족족 닥치는 대로 죽
였다. 그들 중 한 무리가 샤를을 발견했다. 그들이 샤를을 죽이
려고 했을 때 샤를은 수년 전 자기가 기구를 띄웠던 이야기를
하고, 그들이 그것을 보았을 때의 기쁨을 회상하게 했다. 폭도
중에 그의 얼굴을 알고 있는 사람이 있었으므로 목숨을 구할
수 있었다. 샤를은 혁명 후까지 살아남아서 1823년 죽었다.

기구를 타고 한 결투

이미 말한 대로 프랭클린은 낙하산부대의 사용을 예언하였다. 공중전은 1808년에 두 사나이가 공중에서 결투를 한 것이 최초의 예시가 되었다. 그들은 이 최초의 공중전에서는 한 번에 한 알밖에 쏠 수 없는 무기는 거의 아무 소용도 없다는 것을 알고 있었다. 그리하여 제각기 방아쇠를 한번만 당기면 많은 탄환이 동시에 튀어나가는 연발총을 사용했다. 두 번에 걸친 세계대전에서 「수없이 쏘아대면 맞는다」는 것을 기대해서 많은 탄환을 공중에 널리 흩뿌리는 기관총이 사용되어진 것과 같은 것이다.

두 사나이 드 그랑페르와 르 피케는 어떤 여배우를 둘러싸고 사랑의 쟁탈전을 벌였다. 당시의 사고방식으로는 이런 문제는 결투가 아니고서는 결말을 지을 수 없었다. 그들은 똑같은 2개의 기구에 올라타 공중에서 결투하기로 했다. 오랜 시일이 걸려서 준비가 완료되자 두 결투자는 각각 입회인을 데리고 각자의 기구에 탔다. 두 개의 기구가 상승했을 때 서로의 거리는 약 80m 정도였다. 구름처럼 모여든 군중들이 지켜보는 가운데 기구는 띄워지고 온화한 바람의 도움으로 충분한 높이에 올랐을 때에 신호의 총성이 울렸다. 르 피케가 먼저 쏘았으나 맞지 않았다. 이어서 드 그랑페르가 상대방의 기구를 겨누어서 명중시켰다. 기구는 금방 터져서 비행선은 지면에 무서운 속도로 부딪쳐 형편없이 산산조각 났다. 르 피케와 그의 입회인은 박살이 났지만 드 그랑페르와 그의 입회인은 그대로 하늘을 날아 기구는 파리로부터 약 30㎞ 떨어진 곳에 착륙했다.

게이뤼삭의 기구와 양치기 소녀

과학자들은 곧 기구를 사용하면 대기 위의 상태를 연구할 수 있다는 것을 깨달았다. 1804년 프랑스의 두 과학자, 게이뤼삭(Joseph Louis Gay-Lussac, 1778~1850)과 비오(Jean Baptiste Biot, 1774~1862)가 기구에 많은 과학 장치를 싣고 날았다. 그들의 목적은 자석의 바늘이 높은 공중에서도 지상과 마찬가지로 동작하는지를 확인하는 일이었다. 이 비행 동안에 사고가 일어나서 무지한 양치기 소녀에게 기적이 일어났다고 믿게 하였다.

기구는 약 2,000m의 높이에 도달했으나 두 과학자는 더 높게 올라가려고 했다. 그리하여 가지고 왔던 많은 것을 비행선 밖으로 내던져 버렸다. 그 속에 조잡하게 만든 흰 나무 의자가 있었다. 의자는 작은 나무들이 무성한 숲에 떨어졌으나 자칫하면 근처에 있던 양치기 소녀에게 부딪칠 뻔 했다. 그런 물건이 하늘로부터 내려오는 것을 보고 그녀는 얼마나 놀랐을까? 어떤 유명한 과학자가 이야기한 바에 의하면 그녀는 기구 따위는 전혀 모르고 있었다. 이런 뜻밖의 일에 대해서는 단 한 가지 설명밖에 생각해낼 수 없었다. 천사가 그 의자를 하늘로부터 보내셔서 자기가 쓰게 하셨음에 틀림없다고.

그녀는 의자를 수풀 속에서 끄집어냈으나 만듦새가 너무나 조잡하다고 생각하며 머리를 갸우뚱했다. 천사라면 좀 더 나은 기구를 만들 것이라고 생각했다. 그 수수께끼가 겨우 풀린 것은 며칠 후 신문에 이 비행에 대한 상세한 내용이 보도되어 두 과학자가 기구 밖으로 던져버린 물건들의 목록이 실리고 난 후였다.

블랙의 수소풍선의 요술

기구에 수소를 채운다는 샤를의 생각은 결코 신기한 착상이 아니었다. 에든버러 대학 교수 조제프 블랙(Joseph Black, 1782~1799)이 몇 년이나 앞서 실험하고 있었기 때문이다.

1776년 블랙은 캐번디시가 수소를 발견한 것을 알았다. 그는 훨씬 더 얇고 가벼운 소의 방광(膀胱, 얼음주머니로 쓰이고 있었다)에 이 가스를 채워 넣으면 같은 부피의 공기보다 가벼워서 손에서 떼어놓을 때 저절로 떠 올라가리라 생각했다. 저절로 떠오르는 방광이란 무척 재미있는 구경거리가 될 것이라 생각했다. 그리하여 블랙은 한 패의 친구들을 저녁 식사에 초대하고 식사를 마친 다음에 수소를 채운 방광을 띄웠다. 이 친구들이 공중에 떠올라 가는 기구를 본 최초의 인간이 되었다. 그들은 블랙이 어떤 장치로 방광을 공중에 날아 올리는 〈요술〉을 부릴 수 있었던가 하고 불가사의하게 느꼈다. 그날 밤의 일들을 소개한 다음 글에서 가능한 방법이 제시되어 있다.

『수소가 발견되고 얼마 지나지 않아서 블랙 박사는 그것이 보통의 공기보다 적어도 10배 가벼운 것임을 밝혔으며, 어느 날 재미있는 것을 보여주겠다고 하면서 한 패의 친구들을 저녁식사에 초대했다. 그중에는 하튼 박사, 엘튼의 클라크, 베니퀵의 조지 클라크 경 같은 사람들이 있었다.

친구들이 모이자 블랙은 그들을 한 방으로 데리고 들어갔다. 그는 수소 가스를 채운 방광을 갖고 그것을 손에서 놓자 방광은 곧장 올라가서 천장에 달라붙었다. 누군가 이 현상을 간단하게 설명했다. 가느다란 검은 실이 방광에 매어져서 이 실은 천장을 통해서 윗방에 닿아 있고, 누군가가 윗방에서 실을 잡아 당겨서 방광을 천장까지 끌어올린 뒤 떨어지지 않도록 잡고 있을 것이 틀림없다고.

이 설명은 그럴듯하게 생각되었으므로 파티의 전원이 이에 동의했다. 그러나 다른 많은 그럴듯한 이론과 마찬가지로 이 설명도 전혀 근거가 없는 것임을 알게 되었다. 왜냐하면 방광을 끄집어내려 보았더니 실 따위는 매어져 있지 않았기 때문이다. 블랙 박사는 혀를 내두르는 친구들에게 방광이 올라간 이유를 설명했다. 그러나 그는 자신의 명성에 대해서는 전혀 무관심했으므로 이 기발한 실험 이야기를 자기 수업에서조차 전혀 이야기하지 않았다.

그리하여 이 수소가스의 명백한 특성이 파리의 샤를에 의해서 기구의 상승에 응용되기까지 12년 이상의 세월이 흘러가 버렸다』

13. 연기에서 나온 빛

석탄 가스가 발견되기 이전부터 큰 도시의 특별히 중요한 거리에 적당한 등불을 가설하려는 노력이 되풀이되었다. 예컨대 14세기 초에 런던 시장은 겨울에 매일 밤 집 주인이 도로에 등을 매달라고 명령한 기록이 있다. 14세기 무렵에는 경험상 야간에 도로를 조명할 필요가 있다는 것이 분명했다. 도둑이나 그 밖의 다른 나쁜 궁리를 하는 사람들에게 있어서 어두운 도로 매우 좋은 사냥터가 된다는 이유 때문이기는 했지만.

1668년과 그 수년 뒤에 또 한 번 런던 시민들은 이 낡은 명령이 있다는 사실을 상기해야 했다. 명령은 널리 지켜지지 않았던 것 같다(아마 등이 충분한 빛을 내지 않았을 것이다). 그것은 1716년이 되어서 시의회가 뒷골목이나, 큰 거리를 막론하고 길가에 있는 집주인들은 모두 매일 저녁 6시부터 11시까지 한 개 또는 그 이상의 불을 켠 등을 매달아야 한다고 명령하고, 이를 위반하면 1실링(당시로서는 매우 큰 금액)의 벌금을 물게 한다고 규정했기 때문이다. 많은 집주인은 이 명령에 따르기는 했지만 일부러 램프를 켜지 않고, 커튼을 드리우지 않은 채 방 안의 기름 램프의 빛이 길가를 비치도록 하는데 그쳤다.

수년 후에 시당국은 비로소 중요한 길가의 몇 군데에 기름램프를 세워서 조명했다. 그러나 이들 램프의 빛은 오늘날의 가로등과 비교하면 비교도 안 될 만큼 어두웠다. 그러므로 여유가 있는 사람들은 길을 밝혀주는 소년을 고용해서 불을 켠 초롱을 들고 앞을 비추며 걷도록 했다.

클레이튼, 타는 가스를 발견하다

가스를 등불에 사용할 수 있다는 재미있는 발견은 1739년에 이루어졌다. 이 해 겨울에 존 클레이튼이라는 목사가 랭커셔의 와이건에서 3㎞ 떨어진 길가의 시궁창 물이 타는 것처럼 보이는 광경을 목격했다. '이 물은 브랜디처럼 탔다'라고 그는 쓰고 있으며 불꽃은 그 위에서 달걀을 삶을 만큼 센 것이었다고 덧붙이고 있다.

마을 사람들은 시궁창 물에 특별한 종류의 물질이 섞여 있다고 생각했으나 목사 클레이튼은 이들보다 더 지식이 많았으므로 마을 사람들을 설득해서 시궁창의 물을 마르게 하고 밑바닥의 지면을 파내려 갔다. 그의 말에 의하면 '지면에서 어떤 기(氣)가 솟아 나왔다'고 한다. 이 기는 지면에 파묻혀 있는 석탄층에서 방출되는 가스였다.

그는 이 가스를 많은 실험용 소의 방광에 넣었다고 한다. 친구들은 흥겹게 해 주려는 생각이 들면 이 방광 중에서 한 개를 집어 들고 바늘로 구멍을 뚫고 촛불 곁에서 그것을 천천히 눌렀다. 구멍에서 밀려나온 가스에 불이 붙어 '방광 속에서 가스가 남김없이 밀려 나올 때'까지 계속 타는 것이었다.

머독과 석탄가스

다음 이야기는 18세기 말엽이다. 젊은 스코틀랜드 사람인 윌리엄 머독(William Murdock, 1754~1839)은 볼튼, 와트 상회에서 근무하는 콘월의 고용주 집에서 지배인 일을 보고 있었다. 이 회사는 그 당시 와트가 설계한 거치용(据置用) 증기기관을 만들고 있었으며, 이것은 콘월에서는 광산에서 물을 퍼 올리는

데 사용되었고 잘 팔렸다.

머독은 1754년 에이셔에서 태어났다. 아버지는 농부로서 물레방아를 만드는 일에도 종사하였다. 머독은 어린 시절부터 일 년 내내 석탄가스를 만들고 있었다고 한다. 아버지의 밭의 일부, 땅의 표면 바로 밑에 이탄(泥炭)이라고 불리는 질이 나쁜 석탄층이 파묻혀 있었다. 젊은 윌리엄은 이것을 조금 모아서 흙으로 만든 병 속에 넣었다. 땅에 구멍을 뚫고 그 속에 불을 피우고 흙 병을 위로 걸고 주둥이에서 나오는 연기에 불을 붙였다. 연기는 물론 석탄 가스이며 노란색 불꽃을 내면서 탔다.

이 이야기는 아마 와트와 주전자 이야기, 혹은 주전자와 증기기관 발명자의 또 다른 이야기와 마찬가지로 진실은 아닌 것 같다. 그러나 만약 사실이라면 머독이 새로운 일에 종사하게 되어 광산지역의 중심에 있는 레더드 마을의 작은 주택을 가졌을 때 어린 시절의 실험을 회상하였을 것이다. 1792년경 그가 자기 집의 방을 가스로 조명해 보려고 결심했던 것은 사실이다. 그가 어떻게 해서 이것을 해내었는지는 훨씬 후에 이미 노인이 된 윌리엄 시몬즈가 이야기하고 있다.

시몬즈에 의하면 「머독은 어린이를 무척 좋아했으므로 어린이들을 곧잘 자기 일터로 데리고 와서는 자기가 하고 있던 일을 보여 주었다.」 그리하여 어느 때 당시 7~8세의 소년이었던 시몬즈가 「다른 몇몇 소년들과 함께 머독의 문밖에 서서 안에서 일어나고 있는 매우 이상한 일들을 한 번이라도 엿보려고 벼르고 있었다.」 (어쨌든 그들은 마을의 보이스 박사와 머독이 대낮부터 매우 분주히 일하고 있는 것을 알고 있었다)

『머독이 나와서 소년들 중의 한 아이에게 가까운 가게에 뛰어가

머독이 가스에 불을 붙이고 있다

서 골무를 사오라고 부탁했다. 그 소년은 골무를 가지고 돌아와 짐짓 잊어버린 체하면서 용케 작업장 문 안으로 들어갈 수 있었다. 안에 들어간 다음 그는 골무를 꺼냈다』

소년은 보이스 박사와 머독이 석탄을 채워 넣은 주전자를 불에 걸어두고 주전자에서 나오는 가스를 태우고 있는 것을 보았다. 두 사람은 골무를 받아들어 거기에 작은 구멍을 몇 개 뚫었다. 다음에 주전자의 주둥이에 작은 파이프를 잇고 파이프 끝에 골무를 끼웠다. 그리고 구멍에서 나오는 가스에 불을 붙였다. '그것은 계속 뿜어 나오면서 밝게 탔다.'

가스등의 탄생

이와 같이 해서 머독은 석탄가스에 압력을 가하면 밝은 불꽃이 나오는 것을 알았다. 그는 즉시 작은 구멍을 뚫은 〈버너〉를 발명하였고, 또한 곧 세계 최초의 가스제조공장을 세웠다. 이 역사적인 가스공장은 그의 집 뒤뜰에 세워졌고, 주전자 대신에 특별히 만든 철제의 그릇, 오늘날 레토르트*라고 불리는 것을 벽돌로 쌓인 툭 트인 화덕위에 놓았다. 가스를 집 안으로 끌어들이기 위해서 나무창틀에 구멍을 뚫어 파이프를 통하고 이것을 다시 방안의 천장으로 끌어 올렸다. 철제의 그릇 밑에서 불을 한참 피우면 석탄가스가 발생하고, 이것이 파이프를 통하여 방 안으로 보내지면 열린 파이프 끝에 끼운 새로운 형태의 버너에서 탔다.

머독은 고용주들이 자신의 새로운 발견에 흥미를 가져주도록 노력했으나 와트는 열의를 보이지 않았다. 와트는 머독에게 석탄가스 실험을 그만두고 증기기관 관계의 일에 집중하도록 충고했다. 머독은 아주 실망했으나 1798년 버밍검 공장 지배인으로 출세하게 되자, 곧 회사를 설득해서 가스 제조 장치를 만들고 판매하도록 할 수 있었다. 그에게 있어서 커다란 기회가 찾아온 것은 1802년 프랑스와 영국 사이에 평화가 선포되어

* Retort, 화학실험기구의 일종으로서 목이 구부러진 플라스크를 말하면 증류 장치에 쓰인다.

전국에서 대축제가 베풀어졌던 때이다. 볼튼-와트 상회는 이
〈아미앵(Amiens)의 평화〉 축하하기 위해서 버밍검의 소호에 있
는 공장을 가스로 조명하기로 결정하였다. 이 광경은 다음의
글에 나타난 바와 같이 매우 새로운 것이었다. 이것을 쓴 사람
은 자신이 「가스 조명의 공개 전시를 최초로 목격하는 기쁨을
차지한 한 사람이다」 라고 말하고 다음과 같이 계속하고 있다.

『이때 소호공장의 조명은 엄청나게 호화로운 것이었다. 그 넓은
건물의 정원이 전부 가스 조명으로 다양한 모양을 훌륭하게 전시하
는 여러 가지 장치로써 장식되어 있었다. 이 휘황한 광경은 신기한
동시에 매우 놀라웠다. 버밍검에 사는 많은 사람은 여기에 몰려들어
서 예술의 결합이 낳은 이 굉장한 전시를 바라보고 감탄했다』

성냥의 발명

1802년 머독이 성냥 한 개비로 가스를 점화할 수 있었던 것
은 아니다. 우리가 알고 있는 것과 같은 성냥은 아직 발명되지
않았기 때문이다.

머독은 부시와 부싯돌과 〈부싯깃 상자〉를 조합시킨 것을 사
용했다. 부시와 부싯돌을 서로 부딪치게 해서 이때 생긴 불씨
를 무명이나 아마의 섬유 누더기를 넣은 부시 상자에 튀어 들
어가게 한다. 이 누더기 조각들은 반쯤 태워서 불이 붙기 쉽도
록 한 것으로서 여기에 불이 붙으면 훅훅 불어서 빨간 불씨가
되게 한다. 다음에 가늘고 긴 나뭇조각 끝에 황을 발라 불씨에
찔러 넣으면 황에 불이 붙고 나무 조각에 옮아 타기 시작한다.

1827년 영국 스톡턴온티즈에 사는 존 워커(John Walker)가
황보다는 아마 더 낫다고 생각되는 혼합물을 만들어 이것을 나

무 조각의 한쪽 끝에 발라 새로운 불붙이기 나무를 만들었다. 이 혼합물의 조성은 명확히 알 수 없으나 아마 황에 염소산칼륨과 황화안티모니를 섞었을 것이다. 어느 날 워커는 이 불붙이기 나무를 만들기 위해서 많은 나무 조작의 한쪽 끝을 혼합물에 담갔다가 말려서 굳히고 있었다.

그는 한 개비를 집어 올려 무심히 화덕의 돌 위에 약간 문질러 버렸다. 깜짝 놀란 것은 화덕의 돌은 찬데도 불붙이기 나무에는 저절로 불이 붙어 불꽃을 내면서 타는 것이었다.

불붙이기 나무의 머리와 돌의 마찰에 의해서 불이 붙었다고 풀이했다. 그리하여 이번에는 다른 불붙이기 나무를 집어 일부러 화덕에 문질렀다. 불이 붙었다. 이리하여 그는 최초의 실용적인 마찰성냥을 발견했다고 한다. 이것은 〈루시퍼(Lucifer)〉*라고 불리게 되었다. 워커는 이 성냥을 제조하여 84개비를 넣은 한 상자를 1실링에 팔았다. 종이 줄을 두 겹으로 접어서 그 사이에 성냥 머리를 꼭 맞게 끼워서 재빨리 꺼내면 성냥에 불이 붙도록 한 것이었다.

가스등 기담

석탄가스에서 불을 얻는 머독의 방법은 차츰 보급되었다. 일부에서는 의심과 두려움을 표시하는 사람들도 있었으나 이것을 환영하는 사람도 있었다. 이 시대의 가스 조명을 둘러싸고 재미있는 이야기가 많이 전해진다.

하나는 1818년 머독이 맨체스터에 있을 무렵, 어떤 친구의

---

* Lucifer는 샛별(Morning Star), 즉 금성을 말하며 사탄(Satan)이나 마왕 등의 의미가 있다.

집에 초대받았을 때의 이야기다. 그날 밤에는 달이 없었고 길이 매우 어두웠다. 머독은 실험용 소의 방광에 석탄가스를 채우고 방광 머리에 도자기로 만든 커다란 파이프의 손잡이를 붙여 손잡이 끝의 빨대를 마개로 막았다. 길을 밝히고 싶을 때는 방광을 겨드랑이 밑에 끼고 파이프의 빨대에서 마개를 뽑고 방광을 눌렀다. 그리고 밀려나오는 가스에 불을 붙였다.

많은 사람은 가스와 가스공장에서부터 버너까지 운반되는 도중에 파이프 속에서 타버린다고 믿었다. 당시의 만화에는 한 아일랜드인이 '여보게! 만약 이 사나이가(파이프 속의) 물을 통해서 불을 운반한다면 템즈강도 리페강도 순식간에 타버려 귀여운 청어와 고래가 모두 새까맣게 타버릴 것이 아냐?'라고 말하는 장면이 있다. 또 다른 이야기에 의하면 의사당에 가스조명을 장치하는 공사를 하고 있던 직공들은 뜨거운 가스 파이프에 의해서 건물이 타지 않도록 가스관을 벽으로부터 수십cm 떼어주기를 바랐다고 한다.

과학자나 그 밖의 뛰어난 사람들까지도 이 새로운 방법이 오랫동안 보급될 것이라는 것을 깨달을 정도에 이르지 못했다. 이를테면 유명한 화학자 월래스튼(William Hyde Wollaston. 1766~1828)*은 '저따위 짓을 생각하는 녀석들은 오히려 달을 잘라 그 조각으로 런던을 밝히려고 시도해 보는 것이 나을 것이다'라고 했다. 위대한 험프리 데이비 경(Sir. Humphry Davy, 1778~1829)도 '그들이 성 폴(Saint Paul) 사원의 둥근 지붕을 가스탱크로 사용하려 생각하고 있는 것이 아닌가?'하고 비꼬면

---

* 화학과 물리학에서 이론과 응용 면에 크게 공헌한 영국의 과학자. 팔라듐(Pd)과 로듐(Rh)을 발견했다.

서 물었다. 또 월터스코트 경은 친구에게 보낸 편지 속에 '런던을 저것으로 조명하려고 기도하고 있는 미치광이가 있다-저것이란 무엇이라고 생각하나? 여보게, 아이고 참. 연기란 말이야'라고 말하고 있다.

그로부터 50년이 지나 1873년에 페르시아 왕이 런던을 방문했다. 왕은 가스 조명에 매우 큰 인상을 받았으므로 가스 공장을 견학하도록 요청하였다.

고대 페르시아인들은 여러 신을 숭배하고 있었는데 그중에 〈빛의 신〉이 있어서 그 이름을 머독이라 발음했다. 가스공장에서 왕은 많은 질문을 했는데, 이에 대답하던 중에 가스 조명은 머독이라는 사나이의 연구로 가능하게 되었다는 이야기가 나왔다. 왕은 곧 아시리아, 바빌로니아, 페르시아의 조상들이 숭배한 빛의 신 머독이 머릿속에 떠올랐다. 그리하여 왕은 빛의 신 머독이 다시 태어나서 스코틀랜드인 윌리엄 머독으로서 나타난 것이 틀림없다고 단언하고 머독의 초상을 보내 달라고 하여 테헤란과 카루스 카잘에 있는 왕의 궁전에 모시도록 신하에게 명령했다.

석탄 가스를 이용해서 빛을 얻을 수 있는 사실을 발견한 사람으로서 머독 외에도 몇몇 이름을 들었으나 이것을 대규모로, 이를테면 집 안의 조명에 처음으로 사용했다는 영예는 마땅히 그에게 주어져야 한다.

14. 교구목사와 소다수와 생쥐

조제프 프리스틀리(Joseph Priestly, 1733~1804)는 흔히 영국 화학계의 아버지라 불리는데, 과학의 연구에 흥미를 갖게 된 것은 우연한 기회였다. 프리스틀리는 요크셔의 직물공의 아들로 태어나서 국교파가 아닌 교파의 목사가 되기 위해 교육을 받았다. 그러므로 초기 교육은 오늘날 고전(古典)교육이라고 불리는 것으로서 학교에서는 과학을 거의 배우지 않았다. 1767년 리즈의 밀렌 교회의 목사로 임명되어 어느 맥주제조공장 부근에 살았다.

맥주는 보리, 호프*, 효모를 바트(큰 나무통)라는 큰 그릇에 넣어서 만든다. 효모가 액(液)을 발효시켜 마치 들끓고 있듯이 거품이 일어난다. 그러나 이 거품은 이산화탄소(탄산가스)라는 기체가 방출되어 생기는 것으로서 다른 원인은 없다. 이 기체는 공기보다 훨씬 무거우므로 대부분은 바트 속에 머물고 액체 위에 층을 만들어 고인다.

다음의 글에서 프리스틀리 자신의 말을 인용하는 경우, 화학 물질의 이름은 그가 불렀던 이름 그대로가 아니고 현대식 명칭으로 바꾸어 놓았다.

「1767년 여름이 조금 지났을 때 내가 이산화탄소를 사용해서 실험을 하고 싶은 생각이 든 것은 어느 공공 맥주제조공장 근처에 잠깐 동안 살고 있었기 때문이다」

---

* Hop. 맥주에 사용하는 향신제로서 뽕나무과의 식물인데 이것을 말려서 사용하면 맥주에 특유한 향기와 쓴 맛을 준다.

촛불을 이산화탄소층에 집어넣는 프리스틀리

그는 가끔 이 양조장에 찾아가서 발효 중인 액체 위에 고여 있
는 가스층의 두께가 일반적으로 23㎝에서 30㎝인 것과 가스가
계속 새로 보급되고 있음을 알았다. 프리스틀리가 불이 붙은
나무토막이나 촛불을 가스의 층 속에 넣으면 그때마다 불꽃은
꺼졌다.

소다수의 제조

그 당시 의사들은 흔히 광천수(鑛泉水)를 처방해서 환자에게
마시게 했다. 광천수는 독일의 피어몬트(Piermont) 마을에서 나
오는 천연의 샘으로 거품이 일면서 솟아오르는 것이었다. 이
물은 가장 좋은 샴페인처럼 세차게 거품을 내뿜으며 상쾌한 맛
과 아주 약한 황 냄새를 풍기고, 철분과 거품의 원인이 되는

이산화탄소를 포함하고 있었다. 그것은 피오몬트수라 불렸고 병에 넣어 수출되었으며, 영국에서는 비싼 값으로 팔렸다.

어느 날 이 상쾌하면서도 비싼 피어몬트수를 생각하고 있는 가운데 프리스틀리는 이산화탄소를 물에 녹이는 방법을 생각해 냈다. 방법은 간단했다.

두 개의 유리컵을 사용해서 한 쪽에 물을 가득 채우고 또 한 쪽은 비워둔다. 빈 컵을 발효 중인 액체의 표면에 될 수 있는 대로 가까이 잡고, 물이 든 컵을 액면에서 30㎝ 정도의 높이에 들고서 물을 빈 컵에 떨어뜨린다. 물은 떨어지는 동안에 가스층 속을 통하므로 이산화탄소를 얼마쯤 녹인다.

다음에 컵의 위치를 반대로 해서 가스 속을 막 통과한 물을 먼젓번과 같이 또 가스층 속을 통과시키면서 아래쪽의 빈 컵에 받는다. 이러한 조작을 몇 번이고 되풀이한다. 나중에 그가 기록한 것처럼 이 방법으로 2~3분 사이에 매우 상쾌한 물거품이 이는 물로 컵이 가득 찼다. 이것은 아주 품질이 좋은 피어몬트수와 거의 구별할 수 없었다. 그는 계속해서 적었다.

『나는 지금 말한 방법으로 나만의 피어몬트수를 계속 만들었다. 그것은 내가 이 집을 떠나기까지, 그러니까 1768년 여름이 끝날 무렵까지 계속되었다. 내가 그 집을 떠난 다음에도 부득이 스스로 이산화탄소를 만들어야 했다. 하나의 실험이 다른 실험을 유도하여 나는 결국 이 목적에 편리하고 매우 값싼 장치를 고안했다』

그가 이산화탄소를 만드는 데 사용한 물질은 석회석*과 산이며, 나오는 가스를 물에 통과시켜 불순물을 제거했다. 1772

---

* 주성분은 탄산칼슘으로서 여기에 산을 가하면 이산화탄소가 발생한다.
$CaCo_3 + 2HCl \rightarrow CaCl_2 + H_2O + CO_2$

년 새로운 집에서 또다시 피어몬트수를 만들었다. 그의 처방은 이산화탄소수 1파인트(Pint, 0.57리터)에 진한 철의 용액을 포함한 팅크제 몇 방울, 소량의 염산, 소량의 타르타르산, 식초 몇 방울을 가하는 것이었다. 이렇게 만들어진 〈물〉은 피어몬트수나 그 밖의 것과 같은 특별한 효능을 나타내고 마찬가지로 상쾌한 산미(酸味)를 띤 맛을 갖고 있었다고 그는 주장하고 있다.

프리스틀리는 자기의 처방을 인쇄해서 「이 음료는 피어몬트수와 같은 효험이 있지만 피어몬트수는 5실링이나 하는데 내 것은 1페니도 안될 것이다」라고 말하고 있다.

뒤에 이산화탄소는 소다수(탄산나트륨)에 산을 작용시켜 만들게 되었으므로 이산화탄소를 물에 녹이기만 한 것은 소다수(Soda Water)라고 불리게 되었다.

소다수는 인기 있는 음료수가 되었고, 또 한때는 괴혈병의 치료약으로 쓰였다. 괴혈병은 항해하는 선원들 사이에서 매우 많이 일어나는 무서운 병으로서 이 병 때문에 죽는 사람도 많았다. 신선한 야채를 먹으면 괴혈병에 걸리지 않는다는 것은 잘 알려져 있었으나 그 이유는 잘못 이해되고 있었다. 즉 신선한 음식을 소화시킬 때는 배에 오랫동안 저장되어 있던 음식물을 소화시킬 때보다 더 많은 이산화탄소가 만들어진다고 생각했다.

그래서 선원들에게 이산화탄소를 주어서 이것이 부족하지 않게 하면 괴혈병은 낫게 되리라 생각했다. 당시의 지도적인 의사들 중 많은 사람이 이 치료법을 기피하고 있었으므로 영국 해군성은 두 척의 군함에 프리스틀리의 탄산수 제조 장치를 하였다. 그러나 이 치료법은 성공하지 못했다.

그러나 다른 형태로 커다란 성공이 거두어졌다. 그것은 이 세기가 끝나기 전에 소다수에 과일의 향기를 첨가해서 맛을 좋게 만들게 되었기 때문이다. 이로부터 얼마 안가서 영국에서 식초용 플레인 탄산수*가 다량으로 생산되기에 이르렀고 이어서 미국에서는 향료를 넣은 탄산수가 많이 생산되었다.

이런 까닭으로 영국의 식탁용 탄산수 산업과 미구의 소프트드링크 산업을 탄생시킨 것은 한 국교파가 아닌 교파 목사가 우연히 리즈의 맥주제조공장 가까이에 살고 있었다는 사실 덕분이었다.

산소의 실험

프리스틀리가 리즈에 살고 있었을 무렵, 지름 30㎝에 초점거리 50㎝나 되는 햇빛을 모으는 커다란 렌즈, 즉 볼록렌즈를 선물로 받았다. 볼록렌즈를 태양광선 속에 두면 광선이 한 점에 모인다. 여름 대낮에는 이 초점에 열이 모여서 매우 뜨겁게 된다. 프리스틀리는 실험실에 있는 여러 가지 물질에 차례로 태양광선을 집중시켜서 그 효과를 조사해 보기로 했다. 이 일을 계속하는 동안 1774년 8월 1일에 굉장한 발견을 했다.

이날 그는 붉은 수은산화물 위에 태양광선을 집중시켰더니 그때까지 알려져 있지 않던 기체가 얻어졌다. 이어서 그는 이 새로운 기체(뒤에 산소라 불린 것)를 조사하기 위해서 그것이 가득 든 그릇 속에 불을 켠 촛불을 넣었다. 무엇이 일어났는지를 그는 다음과 같이 기록하고 있다.

---

* Plain Soda Water. 다른 것을 넣지 않은 순수한 소다수

프리스틀리와 볼록렌즈

『내가 도저히 말로 표현할 수 없을 만큼 놀랐던 것은 양초가 기체 속에서 매우 세찬 불꽃을 내면서 타올랐기 때문이다. 불꽃의 힘과 그 격렬함은 놀랄만한 것으로서 이때 발생한 열도 역시 매우 세찼다. 나는 처음 무엇을 할 목적으로 이 실험을 했는지 지금에 이르러서는 생각해 낼 수 없다. 그러나 내가 이 실험결과를 전혀 예상하지 못하고 있었던 것은 알고 있다. 우연히 어떤 다른 목적으로 눈앞에 불을 붙인 초를 놓아두지 않았더라면 아마 그 실험은 절대로 하지 않았을 것이다. 그리고 산소에 관한 그 이후의 모든 실험이 이루어지지 않았을지도 모른다』

프리스틀리는 이 후 이 기체 속에서 생물이 살 수 있는지를 조사하기 위해서 실험을 했다. 그가 즐겨하던 방법은 실험에 쥐를 사용하는 일이었다. 쥐에 관해서 그는 이렇게 적고 있다.

『이들 실험을 위해서 작은 철사 올가미로 쥐를 붙잡는 것이 가장 편리했다. 올가미로부터 쉽게 쥐를 떼어낼 수 있었으며 쥐의 목을 잡아서 기체 속에 넣어 물 위에 뒤집어엎어 놓은 그릇 속에 옮겨 넣었다. 쥐가 비교적 오래 살 것이라 예상했을 경우는 그릇 속에 쥐가 물에 젖지 않고 알맞게 앉아 있을만한 상자를 넣어둔다. 기체가 좋은 것이라면 쥐는 즉시 완전히 진정되어 물에 잠기는 것만으로는 아무런 괴로움도 받지 않는다. 그러나 기체가 유독하다고 생각될 때는 쥐꼬리를 잡아 놓치지 말고 괴로운 듯한 증세를 나타내기 시작하면 바로 끄집어내는 것이 좋을 것이다.

쥐는 상당히 정확한 온도를 유지시켜 주어야 한다. 지나치게 덥거나 지나치게 추워도 곧 죽어버리기 때문이다. 나는 대게 쥐를 부엌의 난로 위 선반에 올려두었다. 요크셔에서는 보통 1년 내내 난로의 불을 끄는 일이 없다.

그 달(1775년 3월) 8일에 나는 쥐 한 마리를 잡아 산소가 든 유리 그릇 속에 넣었다. 만약 보통의 공기였다면 다 큰 쥐는 이 그릇 속에서 15분 정도밖에 살 수 없었을 것이다. 그러나 산소 속에서는 이 쥐가 30분간 충분히 살았다. 쥐를 끄집어냈을 때는 마치 죽은 것 같았으나 단지 몹시 찼기 때문이었던 것 같다. 불 옆에서 따뜻하게 해주었더니 곧 되살아나서 실험으로 해서 아무런 해도 입지 않은 것처럼 보였다.

결과를 다시 확인하기 위해서 나는 쥐를 한 마리 더 붙잡았다.

유리그릇 속에 앉은 생쥐

이 쥐는 45분간을 살았다. 그러나 그릇을 따뜻한 곳에 놓아두지 않았기 때문에 이 쥐도 추위 때문에 죽은 것이 아닐까 생각했다.

그러나 어쨌든 그것은 같은 양의 보통의 공기 속에서 대체로 살아있을 수 있는 시간의 3배나 더 오래 살았고, 나는 이런 실험에 그리 커다란 정밀성을 기대하지 않았기 때문에 쥐를 사용해서 이 이상 실험을 할 필요를 못 느꼈다. 산소 속에서 살아있는 쥐에 의해서 그리고 또 다른 실험으로 산소가 굉장히 좋은 기체라는 것을 확인한 이상 나 자신이 그것을 맛보고 싶다는 호기심에 이끌린 것을 독자들은 이상하게 생각하지 않을 것이다. 나는 유리의 사이폰을 통해서 산소를 빼내어 그것을 호흡함으로써 호기심을 만족시켰다. 폐가 받아들인 산소의 느낌은 보통의 공기와 비교했을 때 느껴서 알만큼 다른 것은 아니었다. 그러나 그 뒤 얼마동안 폐가 특별히 가볍고 편한 것처럼 느껴지는 것 같았다.

그렇지만 장래 이 〈순수한 공기〉가 유행의 사치품이 되지 않는다고 누가 말할 수 있을까. 지금까지 그것을 호흡하는 특권을 얻은 것은 두 마리의 쥐와 나뿐이었다.』

나중에 프리스틀리는 연소가 산소 속에서는 보통의 공기 속에서보다 훨씬 빠르게 진행된다는 것을 밝히고 다음과 같이 말했다.

『순수한 산소는 의료(醫療)에 도움이 될지 모르지만, 보통의 건강 상태에 있는 우리들에게는 그리 필요하지는 않을 것이다. 촛불이 보통의 공기에서보다 산소 안에서 훨씬 빨리 타버리는 것처럼, 우리들은 이 순수한 산소 속에서는 말하자면 너무 빨리 살아 버리게 되어서 동물적인 힘이 너무 빨리 없어질지도 모르기 때문이다. 적어도 도덕가는 자연이 우리들에게 제공하고 있는 공기야말로 우리들에게 적합한 것이라고 말할 것이다』

이들 시험을 기술하기 전에 프리스틀리는 다음과 같은 재미있는 한 구절을 적고 있다. 이 속에 나오는 〈철학적〉이라는 말은 오늘날 같으면 당연히 〈과학적〉이라는 말로 바꾸어야 할 것이다.

『이 구절의 내용은 내가 철학적 저서 중에서 여러 번 언급한 의견이 옳다는 것을 입증하는 매우 놀랄만한 첫 예를 제공할 것이다. 그 의견은 철학적 연구를 크게 고취하므로 몇 번이고 거듭해도 지나치게 반복되는 것은 아니다. 즉 이 일에서는 적절한 설계나 예상된 이론보다는 우리들이 우연이라고 부르는 것, 즉 철학적으로 말하면 미지의 원인으로부터 일어나는 일의 관찰 쪽이 더욱 많이 공헌한다고 하는 점이다』

폭도에 쫓겨서

1780년 프리스틀리는 버밍엄에 이주했으나 프랑스 혁명이 발발했다. 그는 혁명가 쪽에 공명했으나 대부분의 영국인은 혁명가를 미워했다. 이러한 견해 때문에 크게 미움을 받게 되었다. 1791년 한패의 폭도들이 그의 집을 불사르고 과학 장치나 논문을 포함한 그의 재산을 모두 파괴했다. 겨우 죽음을 모면했다. 이 사건이 일어난 다음부터 이전의 친구나 친지들도 모두 그를 피하게 되었다. 그리하여 프리스틀리는 당시 영국보다 사상과 언론의 자유가 있었던 새로운 공화국인 미국에 이주하려고 결심했으며, 1804년 죽기까지 미국에 머물렀다.

15. 미녀도 새까맣게

헬로게이트는 엘리자베스 1세 때부터 휴양지로 유명하였다. 이 여왕시대에 어느 시골 의사가 헬로게이트에서 자연에서 솟아 나오는 샘이 굉장한 의학적 효험이 있다고 믿어 선전에 열중하였다. 18세기가 끝날 무렵에는 제철(7월에서 9월까지)에 이 온천장을 찾아오는 사람이 약 2,000명에 이르렀다. 장거리 여행이 결코 쉽지 않았던 당시로서는 굉장히 많은 수였다. 그들은 여관방에 머물렀는데 여관의 대부분은 허술한 시골 하숙집에서부터 궁전과 같은 커다란 건물로 변모한 것이었다. 사람들은 내과이건 외과이건 가리지 않고 모든 종류의 병이 치료되리라는 희망을 갖고 멀리서 앞 다투어 찾아왔다.

그 안에 샘물이 있는 건물은 사람들이 그 물을 마실 수 있기도 하고 목욕도 할 수 있도록 설계되어 있었다. 어느 의사는 1794년 이렇게 적고 있다.

『우리들이 온천에 들어가는 것은 사치를 즐기는 면도 있으나 오로지 치료 때문이기도 하다. 그러나 헬로게이트에는 오로지 치료 때문에 오며 사치를 목적으로 오는 사람은 거의 한 사람도 없었다』

비스무트의 가루

그러나 헬로게이트 샘의 역사는 화장품의 역사에 비하면 문제가 되지 않을 만큼 짧다. 어쨌든 여자들은 아주 옛날부터 연지, 분, 그밖에 화학자가 배합하는 여러 가지 제품으로 자기를 치장하는 방법을 찾아왔기 때문이다. 19세기 초 많은 귀부인들이 사용한 화장품으로 1600년경 프랑스에서 처음으로 만들어져서 많은 약방에서 블랑 드 페를(Blanc de Perle)이라는 이름으로 팔린 것이 있다. 이것은 영국에서는 비스무트를 포함하고 있기 때문에 비스무트의 특별처방이라고도 불렸고, 피부를 반짝이게 하는 하얀 광택을 나타내므로 〈펄 화이트〉*라고도 했다. 그림과 같이 이 분을 바르는데도 토끼다리를 사용하는 것이 습관이 되어 있었다.

『이 흰 미안료(美顏料)에는 블랑 데스파뉴(佛, Blanc d'Espagne, 스페인 백색), 페를바이스(獨, Perlweiss, 펄 화이트와 같은 뜻) 등 그밖에도 여러 가지 이름이 있다. 이것은 탄산비스무트를 아주 소량의 진한 질산에 녹여서 이때 생긴 질산비스무트를 다량의 물에 부어서 만든다. 화학식은 여러 가지로 나타낸다. 그 조성이 만드는 방법에 따라서 약간 다르기 때문이다. 예를 들면

$$BiO_3 \cdot NO_5 \cdot HO,$$

$$Bi_2O_3 \cdot 5N_2O_5 \cdot 8H_2O,$$

$$Bi(OH)_2 \cdot NO_3$$

등이 있다.

이 흰 가루는 오랫동안 바래도록 하면 회색으로 변한다. 화장품에 사용하면 가끔 얼굴이 부들부들 떨리는 경련성 증세가 일어나고 심할 때는 마비를 일으키는 일이 있다고 알려져 있다』

〈한 노철학자〉를 자칭하는 19세기 초기의 저술가는 헬로게이트에 머무는 중 이 화장품을 사용한 어느 부인에 관해서 재밌

---

* Pearl White(眞珠白), 흰 미안료(美顏料)

토끼의 다리로 분을 바른다

는 이야기를 하고 있다.

　『피부를 희게 하고 싶은 생각이 강렬했던 부인들은 금속 비스무트의 조잡한 제품을 찍어 바르는 것이 습관처럼 되어 있었다. 믿을 수 있는 근거에 의하면 이 조잡한 제품으로 아름답고 희게 된 부인이 핼로케이트의 샘물에 들어가서 목욕을 했더니 그 아름다운 피부가 금방 먹칠을 한 것처럼 새까맣게 변했다. 이 뜻밖의 변화에 그녀가 얼마나 놀랐을지는 상상하고도 남을 것이다. 이 부인은 찢어질 듯한 비명을 지르면서 기절했다고 보고된다.

　그녀의 하인들도 괴상한 변화를 보고는 역시 거의 기절할 뻔 했으나 비누와 물로 씻으니 피부에서 검은 색이 떨어지는 것을 관찰했으므로 그들의 공포는 어느 정도 가라앉았다. 부인은 곧 의식을 회복하고 의사에게서 설명을 듣고는 어느 정도 안정을 되찾았으나 사람들이 자신의 피부가 흰 원인을 알아버렸기 때문에 무턱대고 좋아할 수만은 없었다」

〈한 노철학자〉는 계속해서 말한다.

『만약 누군가 이 조잡한 제품을 계속 사용한다면 나는 석탄불에 너무 가까이 가지 않도록 특히 주의하라고 충고하고 싶다. 왜냐하면 얼굴이 새까맣게 더러워질 것은 틀림없기 때문이다」

같은 저자는 왜 색이 이렇게 깜짝 놀랄 만큼 변하는지를 설명하고 있다. 이것을 현대화학 용어로 바꾸면 다음과 같다.

황의 찬 샘물에서는 황화수소의 냄새가 난다. 황화수소의 냄새는 화학을 조금 배운 사람들이라면 곧 구별할 수 있다. 이 냄새는 유리상태의 가스가 존재하기 때문에 생기는 경우도 있으나 황화나트륨이라는 염이 존재하기 때문에 냄새가 나는 경우도 있다. 헬로게이트의 찬 황샘물은 약 0.21%의 황화나트륨을 포함하고 있다. 그런데 샘의 물이 더운 공기에 닿으면 황화나트륨은 산화되어(티오황산나트륨이 된다) 황화수소를 만든다.

비스무트의 화합물 중에서 수소화합물은 백색, 그 밖의 것은 황색이며, 흑색의 것이 한두 가지 있다. 검은 화합물의 하나가 황화비스무트로서, 실험실에서는 비스무트화합물의 용액을 넣은 시험관 속에 황화수소를 뿜어 넣으면 쉽게 만들어진다. 당연히 이 검은 화합물은 특별 처방한 비스무트를 바른 다음 헬로게이트의 광천(鑛泉)에서 목욕한 부인의 피부 위에도 생길 것이다(황화합물의 용액은 매우 묽지만). 또 노철학자가 말한 것처럼 이것

을 바른 부인이 석탄불 가까이에 앉았을 때도 만들어진다. 석
탄 속에는 황이 포함되어 있으므로 이것이 타면 황의 연기가
방출되어 비스무트의 화합물에 작용하기 때문이다.

16. 색맹의 화학자

퀘이커교도 돌턴

영국 과학의 진보에는 노동자의 아들들이 크게 공헌하고 있다. 영국의 가장 빛나는 화학자 존 돌턴(John Dalton, 1766~1844)도 그 좋은 예이다. 돌턴의 아버지는 캔벌랜드라는 마을의 수공(手工)직물공이며 어머니는 작은 가게를 꾸려 가족의 생계를 돕고 있었다. 존은 마을 학교에 다녔는데 성적이 뛰어났으므로 자주 진급을 거듭해서 12살에 교사가 되었다. 여가 시간에는 고전, 수학, 과학을 연구했다. 뒤에 그는 캔들의 학교에서 교편을 잡았으나 이곳에는 오래 머무르지 않고 1793년 맨체스터로 옮겨가 학생들을 가르쳤다. 이곳에서 맨체스터 철학회와의 오랜 교제가 시작되었다.

돌턴의 과학에 대한 흥미는 매우 광범위한 것이었는데 주요한 공헌은 원자이론(原子理論)에 관한 것이었다. 그의 원자이론은 그 당시 알려져 있던 화학의 많은 사실을 합리적으로 설명하고, 화학결합에 관한 그의 여러 법칙은 19세기의 화학을 굳건한 토대 위에 놓게 하였다. 이 연구는 돌턴이 세계적인 명성을 떨치게 했다. 국왕, 의회, 과학학회, 여러 대학이 그에게 빗발처럼 명예를 퍼부었다. 그러나 그는 생애를 통틀어 언제나 참으로 단순한 사람이었다. 그것은 무엇보다도 성실한 퀘이커의 가정에서 자라났고 교육받았기 때문이다.

퀘이커는 프렌드교회라고 불리는 기독교의 한 교파의 멤버를 일컫는다. 그들은 모든 사람은 하나님의 자식이며, 따라서 모든 사람은 하나의 큰 가족의 구성원이고 서로 도우면서 사이좋게 지내야 한다고 믿는다. 그러므로 퀘이커는 싸움을 거부한다. 그러나 자기 나라가 전쟁을 하고 있을 때에는 퀘이커는 솔선해서 전선에서의 의료사업이나 그 밖의 인도적인 의무에 지원한다. 프렌드 교회는 목사가 없으므로 퀘이커는 누구나 예배에서 적극적인 역할을 담당할 수 있다. 예배는 집회소라고 불리는 간단한 방에서 보았다.

프렌드교회가 시작된 것은 17세기, 아직 Thou(너)라는 대명사가 일반적으로 쓰이고 있었던 때이다. 퀘이커는 다른 영국사람이 〈유(You)〉라는 말을 쓰게 된 훨씬 뒤까지 가장 친근한 형제와 같은 호칭으로 〈Thou〉를 계속 사용하였다. 돌턴의 시대에는 많은 남자나 여자가 화려한 옷을 입고, 부자들은 정교하게 만든 비싼 드레스를 입었다. 그러나 퀘이커들은 누구나 평등하다는 그들의 신앙을 강조하기 위해서 같은 종류의 간소한 의복을 입었다. 색은 보통 회색이었다. 붉은 색과 같은 화려한 색의 옷은 친구나 같은 또래의 사람들로부터 금방 구별되는 표시밖에 되지 않으므로 퀘이커들은 이것을 피했다.

자기의 색맹을 알아채다

화려한 색, 특히 붉은 색은 돌턴을 둘러싼 많은 이야기 중에서 특히 두드러진 역할을 하고 있다. 왜냐하면 그의 시각은 대부분의 사람과 달랐기 때문이다. 그는 색맹이었다. 이 시각상의 결함은 돌턴이 이것을 철저하게 연구하고 1794년 그 결과를 출판하기까지는 세상에 거의 알려져 있지 않았다. 그는 이렇게 적고 있다. 대부분의 사람은 스펙트럼 속에 여섯 가지 색(빨강, 주황, 노랑, 초록, 파랑, 보라)이 있는 것을 판별할 수 있으나, 자신은 판별하지 못한다. 본인에게 있어서는 빨강은 말하자면 「그림자, 즉 빛의 부족」인 회색 또는 거무칙칙한 연한 갈색으로 밖에 보이지 않는다. 노랑, 주황, 초록은 빨강과 거의 같은 색처럼 보인다.

단지 파랑, 보라는 구별된다고 말하고 있다. 돌턴은 어린 시절에 어느 날 군인들의 행진을 구경하고 있을 때까지는 자신의 시력이 남과 다른 데가 있다는 것을 알지 못했다. 함께 있던 한 소년이 군인들의 외투 색깔이 어쩌면 저렇게 화려한 빨강색일까 하고 말했으나 돌턴은 초록색으로 보인다고 말했다. 그곳에 있던 소년들이 일제히 그를 비웃었다. 이 때문에 돌턴은 자기의 눈이 어딘가 그들과 다르다는 것을 알아차렸다. 그러나 26세가 되어 어떤 꽃을 주의 깊게 관찰할 때까지는 그것을 완전히 확신하지는 않았다. 만년에 이르러 돌턴은 그때 보았던 것을 다음과 같이 말하고 있다.

『1792년 가을, 나는 촛불 빛으로 제라늄*의 꽃 색깔을 관찰했다. 꽃은 핑크색이었고 평소 내게는 마치 대낮의 하늘처럼 파랗게 보였다. 그러나 촛불 아래에서 그것은 놀랄 만큼 변화하여 파란 기는 전혀 없고 내가 빨강이라고 하는 색이었다. 나는 이런 색깔의 변화는 어떤 사람에게나 마찬가지일 것이라고 믿고 있었으므로 친구들에게 부탁해서 이 현상을 관찰하도록 했다. 한사람도 빠짐없이 색깔은 낮일 때의 색깔과 본질적으로 다르다고 말함으로써 나는 정말 놀랐다』

자신의 색맹에 관해서 적은 다른 글 속에서 돌턴은 이렇게

---

* Geranium, 쥐소나풀과에 속하는 다년생 원예식물의 총칭, 적색, 백색, 자색 등의 다섯잎꽃이 핀다.

말하고 있다.

「핑크색은 낮의 빛 아래에서는 하늘의 파란색과 같고, 단지 약간 연하게 보인다. 촛불의 빛 아래에서는 주황 또는 노란색으로 보인다. (중략) 진한 분홍색은 낮의 빛 아래에서는 파랑색으로 보이고, 진한 분홍색의 털실은 감색 털실과 거의 다르지 않다」

돌턴은 시각의 결함이 원인이 되어 한 친구와 편지를 주고받게 되었다. 돌턴은 이렇게 썼다.

「나는 진지한 얼굴을 하고 당연히 주장하지만 핑크와 장미색은 낮에는 연한 파랑인데 밤에는 불그무레한 노란색이 된다. 진한 분홍색은 푸르스름한 진한 회색이다」

이에 대해 친구는 이렇게 놀려 주었다.

「자네 설명에 따르면 자네는 여성의 아름다움의 근본이 되는 매력에 대해서 불완전하기 짝이 없는 이해밖에 하지 못하고 있다. 어떻든 여성의 뺨의 불그레한 장미색을 자네는 연한 파랑이라고 하면서 그토록 감탄하고 있으니 말이다.」

편지는 계속된다.

「만약 돌턴이 그렇게 엉뚱한 살색을 가진 소녀를 알고 있다면 그러한 소녀를 아내로 삼기보다 오히려 구경거리로 내 보내는 게 적합할 것이다」

어머니에게 보낸 양말

어느 이야기에는 그가 색맹인 것과 프렌드협회의 회원이라는 것을 양쪽에 걸쳐 언급하고 있다. 그 하나에 의하면 돌턴은 어

돌턴이 어머니에게 양말을 선물하다

느 상점의 진열장에서 「비단, 최신유행」이라고 적힌 양말을 보
았다. 그는 이 양말을 자세히 살펴본 다음 어머니에게 드릴 선
물로서 한 켤레를 샀다. 어머니가 비단양말을 한 켤레도 갖고
있지 않으며 항상 손수 짠 양말을 신고 있는 것을 알았기 때문
이다. 그러나 돌턴이 어머니에게 그 양말을 드렸더니 어머니는
깜짝 놀라 소리쳤다.

　'존. 매우 근사한 양말을 사와서 기쁘긴 하지만 어쩌면 하필 이렇
게 화려한 색깔을 골랐니? 이런 것을 신고는 모임에 가지도 못한단
말이다.'

존은 어머니의 말씀에 매우 당황해서 대답했다.

　'이 양말은 저에게는 푸르스름한 회색이어서 퀘이커에게는 안성맞

춤으로 보입니다.'

'뭐라고? 이 양말은 버찌처럼 빨간데? 존'

존은 어머니가 말하는 것을 믿을 수가 없었다. 동생 조나단을 불러서 의견을 물었으나 그도 존과 같은 의견이었다(공교롭게도 조나단 역시 색맹이었다). 그때 불리한 입장이 된 어머니 데보라는 이웃사람을 불러왔다. 이웃 사람은

'확실히 물건은 좋은데요. 하지만 아무래도 너무 빨갛군요.'

라고 말하며 논쟁의 결말을 지었다. 훨씬 뒤에 돌턴은 프랑스 지식인들을 만나기 위해서 파리를 방문했다. 이 채비를 하고 있을 때 그는 옷을 새로 맞추기로 작정했다. 그리하여 그는 맨체스터의 양복점에 가서 카운터 위에 놓여있던 천으로 양복을 지어달라고 주문했다. 맨체스터에서 돌턴은 잘 알려져 있었다. 양복점에서는 깜짝 놀랐다. 왜냐하면 돌턴이 퀘이커라는 것을 알고 있었는데 그가 주문한 것은 빨간 사냥용 코트를 만드는 천이었기 때문이다.

빨갛게 보이지 않았던 예복

돌턴이 맨체스터에 있는 동안 과학상의 업적은 그에게 커다란 명성을 안겨주었다. 옥스퍼드 대학은 그에게 명예학위를 보냈고 은퇴했을 때 정부는 고액의 연금을 내렸다. 그는 국왕을 만나 뵙게 되어 있었다. 어느 유명한 과학자가 이에 필요한 채비를 갖추었다. 그러나 이 과학자는 돌턴이 퀘이커이므로 궁중복을 입고 갈 수 없다는 것을 알고 있었다. 예복을 입을 때 반

드시 칼을 차야 했기 때문이다.

그리하여 돌턴은 옥스퍼드의 법학박사의 예복을 입고 가도록 권유받았다. 이 예복은 진홍색으로서 퀘이커는 이러한 화려한 색깔의 의복을 입지 않는 것이었으나, 이 경우 돌턴에게는 예복이 「흙과 같은 색」으로 보였기 때문에 두말없이 그는 입기를 승낙했다. 돌턴을 도운 과학자는 이렇게 적고 있다.

『법학박사의 예복은 대학의 의식 이외에는 거의 사용되는 일이 없다. 돌턴 박사의 의복은 매우 시선을 끌었고 나는 많은 친구의 호기심을 만족시키기 위해서 그가 누구인지를 설명하지 않으면 안 되었다. 가장 많은 의견은 그가 어느 곳 자치시의 시장이며 작위를 받기 위해서 런던에 온 것이라는 얘기였다. 나는 그가 누구냐고 묻는 사람들에게 저 사람은 시장보다는 훨씬 높은 사람이며, 작위가 사람의 기억에서 잊히는 훗날까지도 길이 남을 만한 명성을 얻고 있으므로 나이트(Knight)의 작위(爵位)에 올랐으면 하는 시시한 소망은 추호도 갖고 있지 않다고 대답했다』

유언으로 눈을 실험에 제공

돌턴이 색맹의 문제를 연구한 결과 그가 괴로워한 특별한 종류*의 색맹은 돌터니즘(Daltonism)으로 불리게 되었다. 그는 이 색맹이 일어나는 원인을 눈의 내부에 있는 액체가 스펙트럼의 빨간 끝 쪽을 흡수하여 버리는 데 있다고 믿고 있었다. 때문에 색의 일부가 중도에 차단되어 망막에 이르지 못하므로 이러한 결함을 갖고 있는 사람은 그 색이 있는 것을 깨달을 수 없다는 것이다. 이 생각을 실험하기 위해서 그는 자신이 죽으

---
* 돌턴은 적록색맹이었다.

면 자기 눈을 조사해 달라는 희망을 표명했다.

친구인 의사 랜섬은 시체검사를 하면서 죽은 돌턴의 눈을 하나 뽑았다. 어느 기록에 의하면 랜섬은 이 눈을 자기 눈앞에 대고 처음에는 붉은 가루를 보고 다음에 푸른 가루를 보았다. 어느 쪽의 가루도 모두 그 색으로 보였다. 또 다른 기록에 의하면 랜섬은 눈의 내부에서 액체를 추출해서 시계의 유리판에 발랐다. 이것을 처음 붉은 가루 위에 대고 다음에 녹색 가루 위에 대었다. 어느 쪽 가루도 자연색으로 보였다. 랜섬은 눈 내부의 액체가 색의 변화를 일으킨 것은 아니라고 결론지었다.

17. 어느 화학자의 꿈

건축학도에서 화학교수가 된 프리드리히 아우구스트 케쿨레 (Friedrich August Kekule, 1829~1896)는 백일몽에 열중한 사람이기도 했다. 케쿨레는 1892년 독일 다름슈타트에서 태어나서 고등학교를 졸업한 다음 대학에서 건축공부를 시작했으나 곧 화학으로 전공을 바꾸었다. 훨씬 뒤에 이르러 그는 원자가 어떤 모양으로 연결되어 분자를 만드느냐 하는 문제로 세계적으로 유명해졌다. 젊었을 때 건축에 흥미를 느꼈던 것이 그에게 분자의 구조를 연구할 마음을 일으키게 했는지도 모른다.

케쿨레와 화학결합

19세기의 중엽에 이르러 화학자들은 각 원소에 그것이 결합하는 힘을 나타내는 수, 즉 원자가(原子價)를 할당하였다. 이를 테면 수소에는 결합력의 1단위를 주고, 산소에는 2단위, 질소에는 3단위, 탄소에는 4단위를 부여했다. 케쿨레는 이런 연구의 선두에 섰던 한 사람으로서 원자를 표시하는 데 다음에 나타낸 것과 같은 작은 그림을 사용하였다(이것들은 케쿨레의 소시지라고 불린다).

그는 이들 원자의 그림을 조합시켜서 분자를 나타냈다. 예를 들면 이산화탄소의 분자를 아래쪽 그림처럼 나타냈다. 그러나 대부분의 화학자는 더 간단한 표시법을 택하여 원자의 결합을 짧은 선으로 표시했다. 예를 들면 메탄, 클로로포름, 이산화탄소를 이 방법으로 표시하면 다음과 같은 구조식이 된다. 각 원소 기호에 붙인 선의 수는 그것이 갖는 결합력의 단위의 수와

탄소원자 4단위
질소원자 3단위
산소원자 2단위
수소원자 1단위

이산화탄소의 분자

원자가를 표시하는 케쿨레의 소시지. 위의 넷은 원자, 아래는 분자

$$H-\underset{\underset{H}{|}}{\overset{\overset{H}{|}}{C}}-H \qquad Cl-\underset{\underset{H}{|}}{\overset{\overset{Cl}{|}}{C}}-Cl \qquad O=C=O$$

메탄　　　　　　클로로포름　　　　　이산화탄소

같다.

　케쿨레는 에탄분자와 같이 탄소 원자를 두 개 포함하고 있는 분자의 구조를 그리는데 매우 곤란을 느꼈다. 에탄분자는 탄소 2원자와 수소 6원자를 포함하고 있다, 그러므로 그 구조 속에 탄소원자가 갖는 결합선은 합쳐서 8개(4×2)를 적지 않으면 안 되는데 수소의 결합선은 모두 6개밖에 없다.

　그는 대담하게 문제에 맞붙었다. 그 자신의 말을 빌리면 분자는 「가장 간단한, 따라서 가장 일반적인 모양의 구조를 가지고 있다」고 가정했다. 그러므로 에탄분자의 구조는 다음과 같이 쓸 수 있다.

　2개의 탄소원자를 잇는 결합선은 각 탄소원자가 1개씩 제공

에탄 분자

하여 만들고 있음을 알 수 있을 것이다.

버스 속의 꿈

1854년 케쿨레는 화학의 파견강사로서 영국으로 건너갔다. 런던에 살고 있는 동안에 원자의 결합에 관한 착상이 떠올랐다. 다음 이야기는 1890년 독일 화학회의 연설에서 밝힌 것인데 이것에 의하면 화학사(化學史)를 통틀어 이처럼 중요한 결과를 낳게 한 버스 여행은 다시는 없었다고 말할 수 있다.

『내가 런던에 머무는 동안 한 때 하원에 가까운 클래팜 로드에 살았다. 그러나 나는 가끔 이 큰 도시의 반대쪽 구석인 아일링튼에 사는 친구 휴고 밀러(Hugo Miller)의 집에 가서 밤을 보냈다. 우리는 여러 가지 일에 대해서 이야기를 나누었으나 우리가 가장 사랑하는 화학에 관한 화제가 제일 많았다. 어느 맑게 갠 밤에 나는 집으로 돌아오는 마지막 버스를 타고 평소와 마찬가지로 이층 자리에 앉아 있었다. 버스는 수도의 큰 거리를 달려가고 있었는데 다른 시간이라면 사람들이 가득 찼겠지만 이때는 거의 비어 있었다. 나는 멍청하게 몽상에 열중했다. 보라! 내 눈 앞에 원자가 여기저기 깡충깡충 뛰어다니고 있는 않은가. 지금까지 이 작은 모양의 존재가 내 앞에 나타났을 때는 반드시 눈이 어지럽도록 움직이며 돌아다니고 있었다. 그러나 이때까지 나는 이 운동의 본질을 인식할 수 없었다. 그런데 지금은 2개의 원자가 결합하여 짝을 만들고 있는 것, 큰 원자가 2개의 작은 원자를 끌어안고 있는 것, 더 큰 원자가 3개 또는 4개의 원자를 꼭 붙잡고 있는 것이 보였다. 전체가 눈이 아찔하게 빙빙 춤추면서 돌고 있는 사이에 큰 원자가 차례차례 이어져서 사슬을 만들고, 그 사슬의 끝 쪽에만 작은 원자를 붙들고 있는 것을 보았다. '다음은 윌리엄 로드'라고 외치는 차장의 소리에 나는 꿈에서 깨어났다. 나는 그날 밤 늦게까지 꿈에서 본 모양을 종이 위에 스케치로나마 기록해 놓았다」

그가 꿈속에서 본 작은 원자는 결합선을 1개밖에 갖고 있지 않은 것으로서 큰 원자는 선을 2개 갖고, 더 큰 원자는 선을 3~4개 갖고 있었다. 2개의 작은 원자가 연결되어 짝을 만든다는 것은 이를테면 수소원자(H) 1개와 염소원자(Cl) 1개가, 그의 「꿈의 쌍」으로서의 염화수소 분자, 즉 H-Cl을 만드는 것이다. 이 분자에서는 2개의 원자가 각각 1개의 결합선을 가지고 있어서 이것이 연결되어 1개의 선을 만든다. 마찬가지로 큰 원자가 2개의 작은 원자를 끌어안은 것은 예를 들면 1개의 산소원자 O가 2개의 수소원자 H를 끌어안아 물 분자, 즉 H-O-H를 만드는 것이다. 또 더 큰 원자가 3개나 4개의 작은 원자를 붙잡는다는 것은 이를테면 각각 다음 그림과 같이 암모니아 분자나 메탄 분자가 되는 경우이다.

자기의 꼬리를 문 뱀

케쿨레에게는 아직도 풀지 않으면 안 될 문제가 많이 있었다. 특히 벤젠(Benzene)이라고 일컫는 화합물이 골칫거리였다.

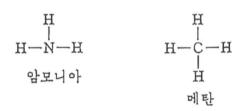

이 물질의 분자는 탄소원자를 6개 포함하고 있으며, 따라서 탄소 전부에 결합선이 24개 있으나, 그밖에는 수소원자가 6개만 있을 뿐이므로 수소전체로서는 결합선이 6개밖에 없다. 그러므로 문제는 24개나 되는 탄소의 결합선과 수소의 6개의 결합선이 꼭 알맞게 결합되는 구조를 그려내는 일이었다.

이 문제를 해결하는 열쇠는 또다시 꿈에서 주어졌다. 어느 날 밤 케쿨레는 겐트(Ghent)에 있는 집에서 의자에 앉아 불을 쬐며 선잠을 자고 있었다. 그는 그 꿈 이야기를 다음과 같이 묘사하고 있다.

『어느 날 밤의 일인데, 나는 의자에 앉아서 교과서를 쓰고 있었다. 그런데 일이 잘 진척되지 않았다. 내 생각은 다른 곳에 있었다. 나는 의자를 난로의 불쪽으로 돌려놓고 꾸벅꾸벅 졸고 있었다. 또 다시 눈앞에 원자가 여기저기 깡충깡충 뛰어다니고 있었다. 이번에는 작은 원자가 얌전하게 뒤쪽에 기다리고 있었다. 나의 마음속의 눈은 이러한 종류의 광경을 되풀이해서 보았기 때문에 한층 날카롭게 되어 있었으므로 이번에는 여러 가지 모양을 한 커다란 구조를 찾아낼 수 있었다.

많은 기다란 열이 서로 꼭 달라붙으면서 비틀어지거나 휘감기면서 뱀처럼 운동하고 있었다. 그런데 보라! 이것이 무엇인가? 한 마

케쿨레의 꿈

리의 뱀이 자기 꼬리를 물고 고리가 되어서 내 눈앞에서 장난치듯이 빙빙 돌았다. 마치 섬광에 얻어맞은 것처럼 나는 눈을 떴다. 그리하여 이번에는 나는 밤을 새면서 이 가설에서 나오는 결론을 구성하였다」

「꿈꾸는 것을 배우자」라고 케쿨레는 계속 말한다. '그렇게 하면 우리들은 아마 진리를 발견할 것이다. 그러나 잠에서 깬 마음으로 이해하고 증명하지 않는 동안에는 그 꿈을 공표하지 않도록 주의하자.'

꿈속에서 「마음의 눈」은 원자가 긴 줄을 지어서 벤젠의 분자가 되는 것을 보았다. 그 모습이 다음 그림에 나타나고 있다. 각 탄소원자에 4개의 결합선을 분배하려면 다음 그림에 보인 대로 탄소원자들 사이에 3개의 이중결합을 끼워 넣지 않으면 안 된다. 그러나 줄 가운데 최초의 탄소원자의 결합선 1개와 최후의 탄소원자의 결합선 1개는 서로 짝이 없는 상태로 있다.

$$-C=C-C\equiv C-C=C-$$

이와 같은 원자의 열이 그의 꿈속에서 「연기의 뱀」이 되어 꾸불거리면서 휘감고 있었다. 이어 꿈속에서 그는 한 마리의 뱀이 자기 꼬리를 입에 무는 것을 보았다. 이것에서 힌트를 얻어서 그는 최초의 탄소 원자의 연결되지 않은 채로 있는 결합선을 최후의 탄소원자의 결합선에 연결했다. 이리하여 그는 「사슬을 닫아서」 6개의 탄소원자가 전부 손을 잡은 고리를 얻었다.

한 가족의 한 사람 한 사람이 같은 특징을 갖는 것처럼 공통된 특징을 갖는 많은 물질이 있다. 케쿨레는 벤젠족의 각 멤버가 거의 모든 화학반응에 있어서 탄소원자를 적어도 6개 포함하는 분자로부터 이루어지는 생성물을 만드는 것을 알았다. 그리하여 이 집단의 모든 멤버는 6개의 탄소원자가 둥그렇게 고리로 연결된 집단을 포함하고 있음에 틀림없다고 생각했다.

이러한 생각에서 그는 벤젠의 화학식을 다음과 같이 적기로

(분자 구조식: 벤젠 고리 - H, C, C 등으로 이루어진 6각형 구조)

했다.

이 6각형을 벤젠고리 또는 벤젠핵*이라 부른다. 이 형은 6개의 탄소원자의 결합이 매우 세므로 어지간히 센 화학반응이 아닌 한 어떤 반응을 받아도 깨뜨려지지 않고 보존되는 것을 나타낸다. 벤젠 고리를 다음과 같이 간단히 적을 때도 많다.**

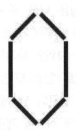

---

* 이 계통에 속하는 화합물을 벤젠고리 화합물 또는 방향족 화합물 (Aromatic Compound)이라고 한다.

** 벤젠의 구조식은 ⬡과 ⬡이 공명혼성체를 이루고 있다. 흔히 그 구조식은 ⬡로 표시한다.

벤젠의 구조결정과 그 영향

벤젠고리를 이런 모양으로 적은 케쿨레의 대담한 착상은 훨씬 뒤에 이르러 실제로 증명되었다. 즉 X선 검사, 그 밖의 근대적인 검사법이 발달한 덕택으로 벤젠분자 속에는 6개의 탄소원자가 6각형으로 배열되어 있는 것이 의심할 여지없이 실증되었다.

케쿨레의 이론이 직접 가져온 성과는 이것으로 화학자들이 그때까지 잘 설명할 수 없었던 많은 일을 합리적으로 설명하게 된 점이다. 그러나 맨 마지막의 결과 쪽이 매우 중요했다. 그것은 벤젠핵의 존재를 가정한 덕택으로 화학자들은 벤젠과 관계가 깊은 다른 많은 물질(모두 화학식 가운데 이 핵을 포함하고 있다)을 만들거나, 합성할 수가 있게 된 것이다.

자프 교수는 케쿨레의 추도 강연의 마지막에 이렇게 말했다.

『케쿨레의 예언의 정확성은 다른 연구자의 어느 예언도 능가하며, 화학의 연역적(演繹的)인 측면에 크게 공헌했다. 그의 연구는 관념의 힘의 실례로서 탁월한 지위를 차지하고 있다. 소수의 화학기호를 종이 위에 적어서 선으로 연결하기만 한 하나의 식이 꼬박 한 세대 동안 유기화학자에게 연구와 영감을 제공하고 역사상 일찍이 없었던 극도로 복잡한 산업에 좌표를 제공하였다. 케쿨레가 그은 선 위에 아직 이제부터 해야 할 연구가 많이 남아 있으나, 이것들이 남김없이 성취될 그때 아우구스트 케쿨레 이상으로 감사를 받을 권리가 있는 사람은 없을 것이다』

18. 기묘한 금속, 주석

주석의 변태—주석 흑사병

다른 많은 물질도 그렇지만 주석도 몇 가지의 모양으로 존재할 수 있다. 즉 은처럼 흰 빛을 내는 보통 모양 외에, 드물지만 회색의 가루도 있는데 이것도 화학적으로는 흰 주석과 조금도 다르지 않다. 실제로 이 회색 가루를 가열하면 흰 주석으로 변한다. 반대로 흰 주석도 적당한 조건 아래서는 회색의 가루로 변한다.

흰 주석에서 회색 주석으로 변하는 이런 변화의 두드러진 예가 1851년에 발견됐다. 이 해에 차이스 성(城)의 교회에 있는 17세기에 만들어진 파이프 오르간이 수리되었다. 차이스는 독일 슐레지엔에 있는 마을로서 겨울에는 추위가 몹시 심할 때가 있다. 오르간의 파이프는 주석 96.23%와 납 3.77%로 된 합금으로 만들어진 것이었다.

장인들은 주음전(主音銓)의 파이프 표면에 회색이 침식해서 된 것 같은 더러운 것이 가득 붙어 있는 것을 보았다. 마치 천연두에 걸린 뒤 얼굴이나 손에 남은 반점이나 부스럼 딱지처럼 보였다. 파이프의 피해는 광범위하게 퍼져 있어서 길이 1.2m에 걸쳐 약 50개의 사마귀 같은 돌기가 있었다. 이 돌기의 크기는 지름이 약 6mm에서 3cm에 걸쳐 있었다. 파이프를 끄집어 내었더니 대부분이 벗겨지고 떨어져서 회색의 가루로 되었다. 처음에는 많은 과학자가 이와 같이 금속이 가루로 부서지는 것은 오르간을 칠 때에 일어나는 진동 때문이라고 믿었다. 그러나 이 생각은 오래 가지 않았다. 또 하나의 사건이 성(聖) 페테

오르간의 파이프는 주석 페스트에 걸려 있었다

르부르크의 세관 창고에서 일어났기 때문이다.

　어느 뛰어난 러시아의 과학자가 이 사건을 다음과 같이 보고하고 있다.

　『1868년 2월, 나는 이 지방에 있는 어느 회사의 사장으로부터 세관 창고에 보관해 둔 주석 막대 중에서 다수가 분해됐다는 보고를 받았다. 나는 이것을 듣고 수년 전의 일을 생각했다. 그것은 군대용으로 만들어져 병참부에 저장한 주석으로, 주물한 단추를 검사해 보았더니 이미 단추라기보다는 대부분 형체도 없이 분해된 덩어리로 변해 있었다. 이와 같이 어떻게도 보상할 수 없는 손실의 원인을 살피기 위해서 조사가 진행되고 있었다.

이 조사가 어떤 결론에 도달하였는지 알지 못했으므로 곧 나는 이번에 분해된 주석 막대가 발견된 창고에 뛰어가서 현장에서 그것을 조사했다. 그리하여 많은 주석막대는 아직 정상적인 상태에 있는 것처럼 보이지만 일부는 정상적인 상태에서 다소간 본질적으로 변화를 일으키고 있는 것을 알았다.

처음부터 나는 주석의 변화 원인은 1867년에서 1868년에 걸친 페테르부르크의 겨울철 이상기온이 지배하고 있었기 때문이 아닌가 하고 강한 인상을 받고 있었다」

그 후에 있었던 실험은 이 교수의 인상을 뒷받침해 주었다. 그는 회색가루의 대부분을 단지 가열하기만 해서 원상으로 되돌려 놓았다.

오늘날에는 우리가 잘 알고 있는 순수한 흰 주석을 13℃ 이하로 냉각시키면 회색 가루로 변하기 쉽다는 것을 알고 있다. 특히 -40℃ 정도로 내려가면 잘 변화한다. 물론 대부분의 나라에서는 기온이 -40℃까지 내려가는 일이 없으므로 만약 변화가 일어난다고 해도 매우 느리다.

이 변화를 촉진하는 하나의 방법은 흰 주석 위에 회색가루를 끼얹는 일이다. 이렇게 하면 변화는 높은 온도에서도 일어난다. 한번 이것이 한 점에서 시작하면 곧 넓게 퍼져서 주석 전체가 「병에 걸리게 되어」 부스럼딱지에 덮이고 만다.

주석을 세공하는 장인들은 옛날부터 이 병을 알고 있었다. 주석의 종기, 주석의 전염병, 주석흑사병 등 여러 가지 이름으로 불렸다. 주석의 종기와 진짜 천연두는 매우 비슷하다. 즉, 종기의 모양이 비슷할 뿐만 아니라 전염되는 양상까지 비슷하다. 천연두 환자의 종기에서 고름을 뽑아서 다른 사람에게 주사하면 이 병에 걸리는 일이 있다. 마찬가지로 주석의 종기도 〈옮는〉 것이다.

『흰 주석은 은처럼 광택이 있는 보통의 주석으로서 사각형의 결정을 만든다. 밀도는 1cc 당 7.29g이지만 회색 주석은 1cc 당 5.77g 밖에 되지 않는다. 그러므로 흰 주석이 회색 주석으로 변하면 부피가 약 25% 증가한다. 이와 같이 부피가 늘어나게 되므로 회색 주석은 흰 주석의 표면에 삐져나오게 되어 부스럼딱지와 같은 형태로 튀어나온다.

전이온도*는 전기적 방법으로 측정한 결과에 의하면 13℃이지만 전이가 진행되는 속도는 매우 느리다. 온도가 더 내려가도 역시 느리다. 단지 회색 주석이 소량이라도 존재하면 전이는 훨씬 빠르게 된다. 가장 적당한 온도는 -40℃ 근처이고 이때 변화의 속도가 가장 빠르다. 그러나 이 온도에서도 그 속도는 매우 느려서 회색 주석을 접종하지 않으면 흰 주석이 전부 전이하는 데는 몇 년이나 걸릴 것이다.

이 변화는 다른 금속이 소량이라도 존재하면 느리게 된다. 어떤 금속은 이 변화를 완전히 방지한다.』

---

* 전이온도(轉移溫度, Transition Temperature): 같은 원소로 되어 있으나 모양과 성질이 서로 다른 단체를 동소체(同素體)라 하는데, 동소체가 서로 변하는 온도를 말한다.

스코트 탐험대의 조난

남극에서의 스코트(Scott) 대령과 그의 탐험대원의 비극적인 죽음도 보통 주석으로부터 회색 가로로 변한 것이 그 원인이라는 설이 나온 일이 있다.

스코트 대령은 1911년에 남극대륙에 도착했을 때, 이전의 탐험가들이 했던 방법을 본받아서 해안의 기지로부터 될 수 있는 대로 극에 가까운 곳에까지 이르는 물자저장소의 선을 설치했다. 겨울이 시작되기 전에 일대(一隊)가 식량, 연료, 의복, 기타 필요한 물자를 대량으로 싣고 출발했다. 그들은 적당한 거리를 두고 몇 개의 저장소를 설치했고 여기에 물자를 저장하였다. 저장소 중에서 가장 큰 것은 배로부터 약 150마일 떨어진 곳에 세워져서 1톤의 물자가 여기에 놓였다. 이것은 〈1톤 캠프〉라 이름 지어졌다.

최후로 극에 돌격할 때가 왔으므로 스코트 대령과 4명의 대원이 식량과 연료용 기름을 실은 썰매를 끌고 1톤 캠프를 출발하였다. 도중 몇 개의 지점에 작은 저장소를 만들어 돌아오는 도중의 준비로서 식량과 연료를 남겨 놓았다. 그들은 최대 속력으로 전진하여 드디어 극에 도달하였다. 그러나 그곳에서 기다리고 있던 것은 커다란 실망뿐이었다. 미풍(微風) 속에 노르웨이의 국기가 휘날리고 있었다. 그것은 스코트의 라이벌인 노르웨이 탐험가 아문센(Amundsen)이 세운 것이었다. 아문센은 스코트와는 다른 진로를 통해 조금 앞서 극에 도달했던 것이다. 귀로에 올랐을 때는 날씨가 좋았으나 얼마 가지 않아 날씨가 험악해졌다. 세찬 바람과 블리자드*가 불어오고 얼음에는 많은

* Blizzard, 남극지방에 휘몰아치는 눈보라

156

크레바스*가 입을 벌리고 있어서 썰매를 끌고 가는 일은 극도로 곤란하였다. 드디어 대원 한 명이 심한 동상에 걸려서 죽었다. 나머지 대원은 행군을 계속하면서 갈 때에 설치한 작은 저장소에 이르렀다. 여기에서 그들은 남겨 놓은 식량을 발견했으나 어찌된 일인지 연료용 기름은 저장하였던 양보다 훨씬 줄어 있었다. 그들은 다시 1개월간 여행을 계속했다.

여기에서 오츠 대령은 이전부터 동상 때문에 매우 괴로움을 당하고 있었으나 자기가 이제는 살아날 수 없고 더욱이 동료들에게 방해가 된다는 것을 깨달았다.

그리하여 그는 본인이 죽음으로써 동료들이 안전기지에 도달하는 기회를 조금이라도 더 늘이려고 결심하고 천막 밖으로 나와서 거칠게 휘몰아치는 블리자드 속으로 사라졌다. 그러나 아깝게도 그의 이러한 자기희생도 소용없었다.

나머지 세 사람의 탐험가들은 행진을 계속했다. 그들은 안전기지부터 20마일 떨어진 저장소에 도착하여 식량과 연료용 기름을 보급했다. 또 다시 기름의 재고량은 예측했던 양보다 훨씬 적었다. 그들은 다시 9마일을 전진했다. 다시 거센 블리자드가 일어났으므로, 이날은 캔버스 아래에서 야영하기로 했다. 그러나 블리자드가 며칠이나 계속되어 누구도 캔버스 밖으로 나갈 수가 없었다. 식량보다도 먼저 연료가 끝장을 보게 될 것은 명확한 일이었다. 그들은 남극에서는 열, 특히 뜨거운 음식이 절대 필요하다는 것을 알고 있었다. 그러나 연료를 남김없이 써버렸을 때까지도 날씨는 여전히 나빴다. 운명은 정해졌다. 세 사람은 모두 죽었다. 실제로 그들은 1톤 캠프와 안전기지로

* Crevasse, 빙하나 쌓인 눈이 깊이 갈라진 곳

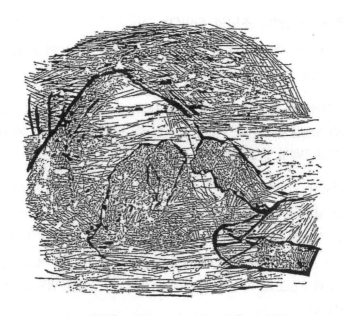

스코트 일행은 기름이 거의 떨어진 것을 발견했다

부터 단지 11마일밖에 떨어져 있지 않았다.

스코트 대령은 일기를 남겨 놓았고 죽음 직전에 다음과 같이 적고 있다.

『우리가 견뎌온 것과 같은 몇 개월을 일찍이 인류가 겪었다고 생각하지 않았다. 만약 오츠 대령의 병과 저장소에서의 연료의 부족 (무엇 때문인지 원인을 알 수 없지만)이 없었다면, 그리고 마지막에 최후의 보급이 이루어질 것이라고 기대했던 저장소로부터 겨우 11마일 떨어진 장소에서 갑자기 습격한 심한 폭풍우가 없었더라면 아무리 날씨가 나쁘다고 해도 우리들은 곤란을 헤치고 나아갈 수 있었을 텐데』

주석 흑사병이 조난의 원인(?)

스코트의 죽음으로부터 훨씬 뒤에 이르러 어느 미국 화학자가 연료용 기름이 부족했던 원인을 다음과 같이 설명했다.

「기름통은 아마 순수한, 너무나 지나치게 순수한 주석으로 납땜 되어 있었는지 모른다. 이것이 남극의 혹독한 추위에 견디지 못하고 회색의 가루로 변했을 것이다」

연료용 기름을 넣은 깡통은 보통 양철을 재료로 하여 이음자리를 납땜해서 만든다. 그러나 이 미국의 화학자는 이 경우 실제로 얼마만큼의 순수한 납땜이 사용되었는지 조사해 보지 않은 것 같다. 그러나 그 당시 남극의 추위가 심했던 것은 알려져 있다. 스코트 자신이 일기에서 일부러 그렇게 말하고 있기 때문이다.

만약 땜납 속의 주석이 조금이라도 회색의 주석으로 변했다면 가루의 대부분은 깡통의 이음자리에서 떨어져서 작은 구멍이 뚫렸을 것이다. 이러한 구멍이 많이 생기면 몇 주일이나 지나는 사이에 상당한 양의 기름이 새어나와 버릴 것이다.

기름이 깡통 밖으로 새어나온 것은 의심할 여지가 없다. 왜냐하면

「탐색대는 1톤 캠프에서 퇴석표(堆石標)의 밑바닥에 놓았던 캔버스의 탱크 속에 저장된 식품의 일부가 퇴석표의 꼭대기에 올려놓은 깡통에서 자연히 새어나온 기름으로 기름투성이가 되어 있었던 것을 발견했다」

라고 기록되어 있기 때문이다. 그러나 이렇게 새어 나오는 이유가 지금 말한 설명으로 납득이 될지는 별개의 문제이다.

새는 것에 대한 이러한 설명이 처음 언급되었을 때, 오늘날 알려져 있는 바와 같은 정보는 어느 하나도 수집되어 있지 않았다. 순수한 주석은 불순한 것보다 훨씬 변화되기 쉽다. 사실상 변화가 일어나는 것은 최고 순도의 주석뿐이라는 것이 알려져 있다. 그러나 보통 사용하는 땜납의 대부분은 비교적 높은 비율로 납을 포함하고 있으며, 납의 존재는 변화를 크게 방해할 것이다. 땜납은 훨씬 이전부터 저온에서 사용하는 여러 가지 장치—예를 들면 냉동기—의 부품을 조립하는데 사용되어 왔다. 그러나 주석흑사병이 이들 장치를 침식했다는 예는 거의 하나도 기록되어 있지 않다.

깡통을 만드는 데 사용된 땜납 속의 주석이 영국에서 출발하기 전부터 회색 주석에 감염되었을 가능성은 아주 희박하지만 어쨌든 있다. 감염된 흰 주석은 설사 아무리 불순해도 오랫동안 저온에 놓아두면 회색 주석으로 변하는 일이 있다.

진상의 규명

그러나 주석에 작은 구멍이 뚫렸다는 가정은 스코트의 구조를 위해 출발해서 극으로 향하는 도중에 한때 1톤 캠프에 체재한 팀의 리더가 관찰한 사실과 부합되지 않았다. 리더는 이렇게 적고 있다.

「이 캠프에 남겨진 물질을 조사한 결과 퇴적표의 꼭대기에 올려놓은 파라핀이 든 양철 깡통 중 하나가 새서 퇴석표의 밑바닥에 놓인 물자를 더럽히고 있던 것을 알아냈다. 이 깡통에는 아무 구멍도 없었다」

깡통에 구멍이 없었다는 것을 이렇게 확실히 단정하는 이상, 구멍이 알아볼 수 없을 만큼 작았다고 가정하지 않는 한 앞서와 같이 새어나온 이유로써 제기된 설명을 받아들이기는 어렵다. 스코트의 일기를 편집한 L. 헉슬리는 다음과 같이 전혀 다른 설명을 하고 있다.

『기름이 부족한 원인에 관해서 말하면 어느 저장소의 기름 깡통도 열과 추위의 극단적인 조건에 놓여졌다. 기름은 특히 휘발성이 강해서 태양열(왜냐하면 깡통은 원칙적으로 퇴석표 꼭대기의 손이 닿을 만한 곳에 놓여졌다)을 받아서 증기가 되기 쉽고, 비록 깡통에 손상이 없어도 마개로부터 새어 나올 수 있었다. 새어 나오는 것은 마개 둘레의 가죽으로 만든 띠가 썩었기 때문에 매우 빨라졌다』

그러나 지금에 와서는 앞서의 미국 화학자의 설명을 부정해도 좋은 확고한 이유가 있다. 1956년 어느 남극 탐험대가 45년 전에 스코트가 남겨놓은 물자의 일부를 찾아내어 영국에 갖고 돌아왔다. 그 중에 몇 개의 기름 깡통이 있었다. 이것들은 주석의 안정성을 조사하기 위해서 과학자들이 연구한 뒤에 다음과 같은 설명이 발표되었다.

『주석을 저온에 놓았을 때의 안정성에 관해서 납득이 되는 실례가 1911년 스코트 남극 탐험대가 남긴 양철 깡통의 상태로부터 제공된다. 1957년 주석연구소에서 조사되었다. 이들 깡통을 조사한 결과, 외부에도 내부에도 회색 주석은 흔적조차 발견되지 않았다』

19. 노벨―그의 발견과 노벨상

1846년 이탈리아 화학자 소브레로(Ascanio Sobrero, 1818~ 1888) 교수는 강한 폭발력을 가진 새로운 물질을 발견했다. 이것은 곧 많은 용도에서 화약으로 바뀌게 되었다. 이 새로운 물질은 니트로글레세린*이라 불렸고, 이것은 기름처럼 끈적끈적한 액체로서 매우 폭발하기 쉬워서 불의의 폭발을 일으킨다. 이를테면 보통의 경우에는 액체를 단단한 표면 위에 흘려두고 두드렸을 때만 폭발하는데 때로는 그것을 넣은 병을 약간 흔들기만 해도 폭발할 때가 있다. 발견자 소브레로는 이러한 성질이 있다는 것을 알고 있었으므로 이 기름을 공업용으로 사용하는 건 위험하다고 경고했다.

그러나 나중에는 니트로글리세린의 비교적 안전한 사용법이 발견되어 채석장이나 광산에서 암석을 폭발하는 데 사용했다.

다이너마이트 발견의 전설과 진상

훨씬 전부터 폭약에 관심을 가지고 있었던 임마누엘 노벨은 1860년 스톡홀름 가까이에 니트로글리세린을 만드는 공장을 건설하기로 했다. 두 아들이 이 모험적인 사업을 도왔다. 불행하게도 사업은 매우 비극적인 출발을 했다. 공장을 연지 얼마 안가서 액체가 폭발하여 공장은 산산조각이 났고 많은 직공이 죽었다.

---

* Nitroglycerine, 이것은 글리세린 Glycerin, $C_3H_5(OH)_3$의 질산에스테르로서, 수분이 거의 없는 글리세린을 15~18℃의 진한 질산과 황산의 혼합산 (4:6)에 서서히 넣어서 만든다.

이중에 노벨의 아들 한 명도 포함되어 있었다. 살아남은 아들 알프렛(Alfred Bernhard Nobel, 1833~1896)의 조력을 받아서 노벨은 다시 사업을 시작하였다. 이내 공장은 니트로글리세린을 다시 상업적 규모로 생산하게 되었다.

이 액체는 흔들면 폭발하는 일이 있으므로 운반이 매우 곤란하였다. 그리하여 운송할 때 이것을 담는 통은 나무 상자 속에 빈틈없이 꽉 차게 움직이지 않도록 나란히 놓고 그 틈 사이에는 톱밥을 꽉 채웠다. 그러나 니트로글리세린에는 금속과 반응하는 불순물이 포함되어 있었으므로 때때로 양철 깡통에 작은 구멍이 뚫리는 경우가 있었다.

구멍이 뚫리면 여기에서 새어나온 니트로글리세린은 곧 톱밥에 배어서 퍼지고, 결국 상자에서 물방울처럼 떨어져 도로나 철로를 젖게 하고 깡통을 취급하는 사람들의 의복이나 신발에도 묻었다.

나중에 가서야 톱밥 대신에 규조토라 불리는 물질을 사용했다. 이것은 흰 가루와 같은 물질로서, 태고 적에 육지가 바다 밑에 있었을 무렵, 매우 작은 바다의 생물 〈규조〉의 시체에 쌓여서 만들어진 것이다. 함부르크 근처에 있던 노벨의 공장 옆에 규조토의 큰 광상(鑛床)이 매장되어 있었다. 규조토는 파내기 쉬우므로 상자에 채우는 것으로는 값싸게 마음대로 사용할 수가 있었다.

이야기에 의하면 이 물질이 쓰이기 시작하고 얼마 안가서 짐짝을 풀고 있던 직공이 재미있는 것을 알아냈다. 즉 니트로글리세린이 통에서 새어 나와 있었는데도 상자 밖으로는 전혀 흘러나오지 않고 전부 규조토에 흡수되어 버린 것이다. 알프렛 노벨이 이것을 들었을 때, 규조토를 상자에 채우기보다 더 좋은 용도로 쓸 만한 착상이 마음속에 번뜩였다. 그는 곧 이 착상을 시험했다. 시험 결과 규조토가 다공질(多孔質)이므로 자기 무게의 약 3배에 이르는 니트로글리세린액을 흡수하는데, 그만큼 흡수해도 아주 조금밖에 젖지 않는다는 것을 알았다. 더욱이 니트로글리세린으로 젖은 규조토의 덩어리는 보통 다른 액체와 약간 성질이 다르다는 것도 알았다. 가장 두드러진 차이는 충격을 받지 않는다는 것이다. 그러므로 이것은 흔들어도 폭발하지 않는다. 실제로 이것은 집 밖에서 태우기까지 해도 폭발하지 않았다. 그럼에도 불구하고 뇌관을 사용해서 기폭(起爆)하면 맹렬하게 폭발했다. 노벨은 이것을 다이너마이트*라 이름 지었다.

이 이야기는 유명해서 흔히 이야기되고 있으나 사실은 노벨 자신이 말한 다이너마이트 발견의 경위와는 맞지 않는다.

그는 액체를 흡수할 만한 물질을 발견하려고 계획적으로 실험을 진행시켰다고 한다. 톱밥, 숯, 벽돌가루, 그 밖의 다공성 물질을 여러 가지로 실험했으나 전혀 성공할 수 없었다. 다음에 규조토를 실험했더니 이 목적에 가장 알맞은 물질이라는 것을 알았다.

---

* 노벨이 1863년 발명한 것은 니트로글리세린을 흡수제인 규조토에 흡수시켜 만든 것이다(니트로글리세린 함량 70~80%, 나머지는 활성 없는 규조토이다). 1878년 니트로글리세린과 약면약을 혼합하여 가열하면 서로 녹아서 콜로이드가 되는 것을 알았는데, 이것이 젤라틴 다이너마이트(Gelatine Dynamite)이다.

폭약에의 공포

새로운 폭약 다이너마이트는 곧 광산, 터널, 도로를 건설하기
위해서, 채석장에서 암석을 폭파하기 위해서, 그 밖의 많은 목
적으로(금고의 문을 세차게 날려 버리고 그 속에 든 알맹이를 슬쩍하
는 것도 그 중 하나이다) 많이 쓰이게 되었다. 이것을 위해서는
다이너마이트의 풀과 같은 성질이 특히 안성맞춤이었다.

그러나 니트로글리세린이 다이너마이트와 같은 안정한 모양
으로 나올 수 있었다고 해도 수송상의 곤란은 오랫동안 해소되
지 않았다. 철도회사가 다이너마이트의 수송을 거절하는 일도
있었다. 이때 광산이나 채석장에서 파견된 「쇠 같은 신경을 가
진 판매원들」은 다이너마이트를 수화물처럼 트렁크 속에 넣거
나 「유리이므로 취급주의」라고 레이블을 붙인 상자에 넣어서
운반하였다고 한다. 또 「도자기: 깨지는 물건, 취급주의」라고
적어서 호텔의 견본실에 놓거나 침대 밑에 숨기거나 했다.

노벨은 많은 나라에 니트로글리세린 공장을 건설하려고 했으
나 처음에는 잘 되지 않았다.

　「그는 자기의 발명에 대해서 금융상의 후원을 얻기 위하여 파리
로 갔다. 그는 프랑스의 은행가들에게 '나는 지구를 날려버릴 만한
기름을 갖고 있다'고 말했다. 그러나 은행가들은 자기들의 관심은
지구를 지금 이대로의 상태로 두는 데 있다고 생각했다. 뉴욕에 갔
을 때 그의 짐은 다이너마이트를 챙긴 몇 개의 트렁크뿐이었다. 그
는 자주 이렇게 말했다. 어느 호텔에서도 자기를 들여보내주지 않았
고 뉴욕 사람들은 마치 노벨이 주머니 속에 전염병을 몰래 숨기고
있는 것처럼 그를 피했다 라고…」

노벨을 둘러싼 이런 종류의 이야기나 일화는 많이 회자되고

있으나 그 중에는 근거 없는 것도 있다. 그러나 노벨은 결국 프랑스에서나 다른 대부분의 나라에서도 공장을 설립하는 데 성공하였다. 특히 1875년, 다음에 언급할 발견을 하고부터는 모든 일이 순조롭게 진행되었다.

이 해에 노벨이 니트로글리세린을 실험하고 있을 때, 그는 손가락을 다쳐서 상처에 콜로디온*이라는 액체를 발랐다. 콜로디온은 당시 상처에 잘 쓰였던 것으로서 바르고 나면 몇 분 지나지 않아 굳어져서 일종의 껍질이 되어 상처 입은 곳을 덮어버리므로 더러운 것들이 묻는 것을 방지했다. 손가락에 이 새로운 껍질을 붙인 채 노벨은 실험을 계속했는데 우연히 니트로글리세린을 조금 엎질러 그것이 콜로디온에 묻었다. 놀랍게도 콜로디온의 모습이 변화했다. 그는 뛰어난 과학자였으므로 이런 예기치 못했던 일을 연구하지 않고 그대로 보아 넘길 리는 없었다. 그리하여 그는 콜로디온을 사용해서 몇 가지 재미있는 실험을 했다. 실험하는 동안 그는 잘게 나눈 콜로디온을 니트로글리세린과 함께 가열하면 껌과 비슷한 물질이 생기는 것을 알아냈다. 계속해서 이 투명한 젤리 성질의 껌은 다이너마이트보다 더 강력한 폭약이라는 것을 발견했다. 노벨은 이 새로운 물질을 제조하기 시작해서 다이너마이트 껌이라고 이름 지었으나 나중에 다이너마이트와 혼동되는 것을 피하기 위해서 폭파 젤라틴이라는 이름을 붙였다.

이 우연히 일어난 일에 관해서 노벨은 다이너마이트를 다룰

---

* Collodion. 이질산셀룰로스를 파이록실린(Pyroxylin)이라 하는데, 이것은 에테르와 알코올의 혼합물에 잘 녹는다. 이 용액을 콜로디온이라 한다. 이 투명하고 끈기 있는 액체를 바르면 에테르와 알코올이 증발하고 파이록실린 막을 남기므로 보호막, 도료(塗料) 등에 쓰인다.

때처럼 부정하지 않았다. 그러므로 「폭파젤라틴은 사람의 손가락 위에서 탄생했고 시험관 속에서 탄생된 것은 아니다」라고 하는 설이 틀리지는 않은 것 같다.

독특한 평화사상과 노벨상

노벨의 친구 주트너(von Suttner 1843~1914)* 남작부인은 『당신의 무기를 내려놓아라』라는 제목의 책을 썼는데 이 책은 평화주의자들 사이에서 매우 인기가 있었다. 그녀는 노벨에게 전쟁을 폐지하려는 자신의 노력을 도와달라고 했으며 노벨은 그녀의 생각에 크게 공감했다. 그러나 노벨은 모든 국가가 전쟁의 어리석음을 깨닫게 하기 위해서는 어떤 방법이 가장 좋은가 하는 점에서는 그녀와 의견을 달리했다. 그는 말했다.

'나는 무엇이거나 황폐화시켜 버릴 만큼 무서운 힘을 지닌 물질이나 기계를 만들어서 이것으로 전쟁이 완전히 불가능하게 되어 버렸으면 좋겠다고 생각합니다.'

또 이렇게도 말했다.

'내 공장은 당신의 회의보다도 먼저 전쟁을 종식시킬는지 모릅니다. 어느 날엔가 두 나라의 군대가 1초 동안에 서로 상대방을 전멸할 수 있게 된다면, 모든 나라는 공포에 떠는 나머지 전쟁에 등을 돌리고 군대를 해산할 것입니다.'

흥미롭게도 이로부터 약 50년 남짓 지나서 이러한 무기(수소

---

* 오스트리아의 백작의 딸로 태어나서 젊었을 때 한때 노벨의 비서를 지냈다. 노벨이 그녀에게 구혼했다는 이야기가 있다. 1905년 노벨 평화상을 받았다.

폭탄)가 발명되었을 때, 노벨이 예언했던 것처럼 많은 사람이 장래 큰 전쟁이 일어난다면 가공할 황폐가 올 것이라 깨닫고 공포 때문에 전쟁에서 등을 돌렸던 것이다.

이러한 감정을 표현한 것은 훗날 미국 대통령이 되었으며 2차 세계대전 당시 연합군총사령관이었던 아이젠하워 장군이었다. 그는 1959년 8월 31일에 이렇게 방송했다.

『우리들이 평화에 관해서 말할 때는 현재 모든 것을 제쳐놓고라도 꼭 하지 않으면 안 될 것을 이야기하고 있다. 전쟁이 문명 전체를 파괴하는 힘은 너무나 무서운 것이 되었으므로 우리들―나는 정치가만이 아니고 모든 인간을 말하고 있다―은 무엇을 하려고 애쓰든 간에 그 행위는 모두 이 유일한 목적을 위해야 한다는 것, 즉 신이 우리에게 주신 두뇌로부터 동원할 수 있는 모든 예지를 이 목적에 써야 한다는 것을 보증할 책임을 지고 있다』

그러나 노벨은 이와 같은 예언을 했을 뿐 아니라 그보다 더 크게 평화에 공헌하였다. 왜냐하면 그는 수백만 파운드에 이르는 거대한 유산의 대부분을 인류의 행복을 위해서 사용하기로 결심했기 때문이다. 이 돈은 상비군(常備軍)의 폐지 또는 병력의 축소를 위해 노력함으로써, 또는 평화에 관련되는 회의를 격려하는 일로 또 다른 부문에서 인류에게 크게 봉사함으로써, 일반적 평화와 여러 나라 사이의 우호관계를 추진하는 데에 크게 공헌한 사람들에게 상금을 주기 위해서 쓰이게 되었다.

노벨은 1896년 사망했고, 노벨상기금은 1901년 설립되었다. 이후 해마다 이 기금에서 각각 수천 파운드에 해당하는 상금이 국적과 성별에 관계없이 뛰어난 사람들에게 수여되고 있다. 처음 계획에 따라 그 중 하나인 〈평화상〉은 노르웨이 국회가 선출하고, 앞선 해의 1년 동안 평화를 추진하는 데 가장 공헌한 사람에게 수여된다. 그 밖의 상은 스웨덴 과학아카데미의 조언을 바탕으로 각각 생리, 의학, 화학, 물리학, 문학의 각 분야에서 뛰어난 업적을 이룬 사람들에게 수여된다.*

---

* 1969년부터 노벨 경제학상이 신설되었다.

20. 한 유태인 화학자, 조국을 광복하다

유태인과 시오니즘

유태인은 아주 옛날에 팔레스타인에 살았던 이스라엘 부족의 자손이다. 그러므로 유태인은 매우 오랜 역사를 지니고 있다. 한 유태인 화학자에 관한 이 이야기는 기원전 600년경의 예루살렘에서 시작되었다. 그 무렵 이 도시는 견고한 요새로 둘러싸여 있었고, 성벽 속에는 유명한 솔로몬왕의 사원이 있었다. 이 사원은 히브리 종교의 중심으로서 이것 덕분에 예루살렘은 성지(城地)가 되었다.

기원전 586년 바빌론(메소포타미아의 한 도시)의 왕 네부카드레자르(Nebuchadrezzar, B.C. 605~562)가 예루살렘을 공략하여 파괴했다. 근대의 일부 정복자들처럼 예루살렘의 많은 시민을 노예노동자로 만들어 시외로 추방하고 일부는 바빌론에 데려왔다. 약 50년 후, 페르시아 왕 퀴로스가 바빌론을 쳐서 함락시켰을 때 추방된 유태인과 그 자손들을 자유의 몸으로 풀어주고 희망하는 자는 누구든지 예루살렘으로 돌아가게 허락했다. 많은 유태인은 예루살렘에 돌아와서 느헤미야(Nehemiah)의 지도하에 황폐한 도시에 정착했다.

느헤미야는 곧 도시의 재건을 시작했다. 다시 성벽을 건설하고 도시 전체를 견고한 요새로 만들었다. 솔로몬왕의 사원도 재건하고 점차 유태의 생활과 예배의 양식을 다시 확립했다. 예루살렘은 다시 신성한 도시가 되었고, 이후 500년 간 그 지위를 유지하였다. 당연한 일이지만 느헤미야는 오늘날에도 역시 유태인 민족의 훌륭한 위인으로 일컬어지고 있다.

그러나 기원후 70년에 예루살렘은 다시 파괴되었다. 이번에는 로마인의 행패였다. 유태인들은 또다시 고향을 잃었다. 그러나 이번의 정복자는 그들을 옮기는 수고조차 하려 들지 않았다. 유태인들은 단지 집에서 쫓겨나서 팽개쳐졌으므로 어느 곳에서건 살 곳을 찾지 않으면 안 되었다. 이때부터 그들은 당시에 알려져 있던 세계 곳곳으로 흩어져서 조국을 갖지 못한 민족이 되었다. 그러나 유태인의 집단이 어느 곳에 정착하든 간에 그들은 조상의 종교를 충실하게 지켜나갔다. 이 사실과 함께 공통의 문학과 언어가 이후 줄곧 그들을 하나의 민족으로 통합시켜 왔던 것이다.

이런 시대를 통해서 일부 유태인들은 예루살렘을 자신들의 성스러운 도시로 보았고, 언젠가는 사람들이 하나의 국가를 세워서 조상의 땅 팔레스타인에 살게 되리라는 희망을 버리지 않았다. 19세기가 끝날 무렵, 유태민족주의자(Zionist, 시오니스트)라 일컫는 일단의 유태인들이 유태민족의 본국을 팔레스타인에 건설할 목적으로 단결했다. 단, 모든 유태인들이 정책에 찬성한 것은 아니었지만.

1914년부터 1919년에 걸쳐 일어났던 1차 세계대전에서 유태인들은 어느 쪽이든 간에 자신들이 살고 있는 나라 편을 들어 싸웠다. 이 장에서는 영국을 도운 한 사람의 유태인 화학자에 관한 이야기를 하겠다. 21장에서는 독일을 도운 또 한 사람의 유태인 화학자에 관해서 이야기할 것이다.

발효에 의한 아세톤 제조법을 발견

1차 세계대전이 시작되었을 때 백러시아(벨라루스 공화국, 줄여

서 벨라루스 또는 백러시아라고 한다) 태생의 유태인 카임 바이츠
만(Chaim Weizmann, 1874~1952)은 맨체스터대학의 부교수로
근무하면서 인조고무 제조실험을 하고 있었다. 그는 열렬한 시
오니스트로서 유태인의 요구를 강력히 추진하기 위해 노력을
아끼지 않았다. 그런데 유태민족주의 운동을 도울 커다란 기회
는 그의 과학적 연구를 통해서 주어졌다.

그 연구란 바로 아세톤에 관한 것이다. 아세톤은 많은 물질
을 녹이는 액체로서 여러 가지 물질의 제조에 쓰인다. 전쟁 중
에는 소출 탄환이나 그 밖의 탄환에 쓰이는 폭약 코르다이드를
만드는 데 필요했으므로 대량으로 소비되었다. 1914년까지는
아세톤을 만드는 방법이라면 보통은 목재를 밀폐한 그릇 속에
넣고(공기가 들어오지 못하게 하기 위해서) 가열하여 이때 방출되
는 증기를 모으는 것이었다. 이 증기 속에 아세톤이 포함되어
있었다. 그러므로 대량의 아세톤을 만들어내기 위해서는 목재
가 매우 많이 필요했다.

그러나 영국 제도(諸島)에는 큰 산림이 조금밖에 남아 있지
않았으므로 대전 이전에는 아세톤 제조에 필요한 목재를 거의
전부 수입에 의존해야 했다. 전쟁이 시작되고부터는 선박으로
수송할 수 있는 부피가 한정되어 있어서 매우 귀중해졌다. 특
히 적의 작전 때문에 배로 운반되는 화물 중에서 대부분이 바
다에 침몰되어 버렸으므로 더욱 그러했다. 이러한 전시수송의
곤란을 경감시키는 하나의 수단은 목재 이외의 물질로부터 아
세톤을 만드는 방법을 알아내는 일이었다. 물론 이 물질은 영
국 제도에 풍족하게 있는 것이어야만 했다.

바이츠만은 인조고무 제조를 실험하고 있는 동안 1910년에

그러한 방법을 발견하고 있었다. 본시 이 실험의 목적은 설탕을 인조고무의 원료로 사용할 수 있는 다른 물질로 바꾸는 박테리아(세균)를 찾아내려는 것이었다. 바이츠만은 이 일에는 성공하지 못했으나 우연히 설탕을 순수한 아세톤으로 변화시키는 박테리아를 발견했다.

『화학자들은 훨씬 이전부터 효모를 사용해서 설탕을 발효시켜 에틸알코올을 만들 때, 불순물로서 소량의 이소아밀알코올(Isoamyl Alcohol)이 생기는 것을 알고 있었다. 바이츠만은 고무의 합성을 연구함에 있어서 이소아밀알코올이 비교적 많이 필요했으므로 이것을 설탕에서 주산물로 얻을 수 있을지를 조사하기로 했다.

그는 박테리아를 이용하는 방법을 택했다. 이 방법으로 이소아밀알코올과 똑같은 냄새가 나는 액체를 얻었다. 그러나 분석해 보았더니 이 액체는 아세톤과 부틸알코올(Butyl Alcohol)의 혼합물이었다. 그리하여 그는 당시에는 이 방법을 더 이상 추구하지 않았다.

대전 중 바이츠만은 이 우연한 아세톤 발견을 상기해서 그 결과를 발전시켜 아세톤의 제조공정을 확립했다. 공정은 우선 녹말을 설탕으로 변화시키고 이것을 어떤 박테리아로 처리하는 것이었다. 이 박테리아는 크로스테리듐 아세토부틸아민이라 불리게 되었다. 이때의 생성물은 약 60%의 부틸알코올과 30%의 아세톤과 10%의 에틸알코올로 구성되어 있었다』

그런데 아세톤을 인조고무로 바꿀 수는 없었으므로 바이츠만과 그의 지도교수는 이 우연한 발견에 아무런 가치도 인정하지 않았다. 교수는 바이츠만에게 일체의 쓸모없는 폐액은 하수구에 버리는 것이 좋을 것이라고 충고했다. 그러나 다행스럽게도 바이츠만은 실험의 자질구레한 일들을 잊어버리지 않았다.

세계대전 중에 아세톤 생산을 실용화

1914년에 세계대전이 발발하자 육군성은 과학자들에게 서함을 보내어 군사적으로 가치가 있는 발견은 무엇이건 보고하도록 요청했다. 바이츠만은 자신의 아세톤 제조법을 보고했으나 얼마동안 이것에 대해서 아무런 조치도 마련되지 않았다. 그러나 이로부터 2년이 지나자 아세톤 문제는 심각해졌다. 선박을 할당하는 일은 쉽지 않았다. 또 목재에서 얻어지는 아세톤은 충분히 순수하지 못했으므로 양질의 코르다이트를 만들 수 없다고 믿는 사람들도 있었다. 특히 포클랜드 해협의 해전 후 이런 소리는 높아져갔다. 이 해전에서는 영국 군함에서 발사한 포탄 일부가 목표물까지 도달하지도 못하고 도중에서 떨어져버렸는데, 이것은 코르다이트 제조에 쓰인 아세톤이 순수하지 않은 데 원인이 있다고 했다. 진상이 어쨌든 간에 전쟁 초기부터 바이츠만은 설탕으로부터 순수한 아세톤을 만드는 작업에 착수하도록 요청받았다.

이 당시 영국제도에서는 원당(原糖)이 대량으로 생산되지 않았고 대부분은 미국의 사탕수수 농장이나 유럽의 사탕무밭에서 수입되고 있었다. 그러나 한편 영국은 다량의 밀, 보리, 귀리 또는 다량의 감자를 재배하고 있었다. 이들 농산물은 모두 녹말을 포함했으므로 비교적 간단하게 녹말을 아세톤 제조에 알맞은 일종의 당으로 변화시킬 수 있다.

바이츠만은 1916년 해군성에서 윈스턴 처칠과 회견했다. 몇 해가 지난 뒤 바이츠만은 이 회견에서 거의 처음부터 처칠이 한 말에 공포를 느꼈다고 고백했다. 그것은 이러했다. '여! 바이츠만 박사. 우리는 아세톤 3만 톤이 필요합니다. 이것을 만

영국 군함이 발사한 포탄은 적함까지 도달하지 않았다

들 수 있습니까?' 그때까지 바이츠만이 만든 양은 기껏 한 컵 정도였다. 실험실에서 사용하는 방법을 대규모의 생산 공정으로 바꾸는 일이 얼마나 어려운지를 너무도 잘 알고 있었다.

로이드 조지(당시 군수품위원회 위원장)는 바이츠만의 조력을 구하는 원동력이 된 인물이었는데, 이 사람도 바이츠만과 회견했다. 바이츠만은 실험실에서 아세톤을 만들 수 있다는 것을 조심스럽게 인정했으나, 대규모 생산이 확실히 잘 된다고 단언하기까지는 상당한 시간이 걸릴 것이라고 강조했다. '어느 만큼의 시간을 주시겠습니까?' 그는 물었다. 로이드 조지는 말했다. '너무 오랜 시간을 드릴 수는 없습니다. 사태는 긴박해 가고 있습니다.' 바이츠만은 이에 대답했다. '좋습니다. 밤낮으로 연구해 보겠습니다.'

그는 브롬리 바이 바우에 있는 니콜슨의 진(Gin) 증류공장을 사용하도록 허락받았다. 여러 곤란을 겪은 다음에 그는 주로 옥수수로부터 얻어지는 당에서 한꺼번에 1/2톤의 아세톤을 만드는 방법을 발견했다. 그래서 해군성은 그 밖에도 많은 증류공장을 접수하고, 그를 위해서 새로운 공장을 하나 건설했다. 이들 공장은 이윽고 1년에 50만 톤의 옥수수를 사용하기에 이르렀다. 이 옥수수는 미국으로부터 수입하지 않으면 안 되었으나 목재에 비하면 선적부피가 작아도 괜찮았다.

그러나 이때에 이르러 독일의 U보트(잠수함)가 너무나 많은 영국 선박을 어뢰로써 침몰시키고 있었으므로 결국에는 옥수수도 사용할 수 없게 되었다. 다른 종류의 물질을 찾지 않으면 안 되었다. 녹말을 포함한 물질은 거의 사용할 만한 여유가 없었으므로 공급을 조금이라도 보충하기 위해서 영국 소년들에게 부탁해서 밤을 모으게 했다.

밤의 녹말은 쉽게 당으로 바꿀 수 있었다. 그러나 얼마 안가서 정부는 캐나다와 미국에 아세톤 공장을 건설하기로 결정했다. 그곳은 옥수수도 맥류(麥類)도 풍부하므로 영국에서보다 훨씬 다량의 녹말을 사용할 수 있었다. 공장은 인도에 세워졌고, 이곳에서는 쌀에서 녹말을 얻었다. 전쟁이 끝날 무렵에는 연합국의 공장들이 전시 중의 모든 수요를 넉넉히 충당할 만큼의 순수한 아세톤을 생산하고 있었다.

희망은 오직 하나, 조국의 재건

이 무렵 바이츠만은 그의 과학연구 관계로 영국의 지도적 정치가 몇 사람과 밀접하게 접촉할 수 있게 되었다. 그가 전쟁 이전에, 그리고 전시 중에 외무장관이 된 밸푸어(Balfour)와 만났던 것은 사실이다. 그러나 겨우 얼굴을 아는 정도에 지나지 않았다. 1916년 바이츠만과 밸푸어는 다시 만나 아세톤 생산에 관계되는 공무상의 일들을 논의했다. 이 회담이 끝날 무렵, 바이츠만이 열렬한 유태민족주의자라는 것을 알고 있었던 밸푸어는 유태인 문제를 토론하기 시작했다. 결론으로 그는 '좋습니다. 바이츠만 박사. 만약 연합국이 이 전쟁에서 승리하면 당신에게 예루살렘을 드리기로 하겠습니다.' 라고 말했다.

몇 달 뒤에 당시 군수장관으로 있던 로이드 조지는 바이츠만을 불러서 아세톤 제조에 성공한 것을 축하하면서 이렇게 말했다. '당신은 국가에 대한 봉사를 하였습니다. 나는 수상에게 부탁해서 국왕 폐하가 당신에게 어떤 영예를 하사하도록 권고할 작정입니다.' 이에 바이츠만은 대답했다. '저는 제 개인을 위해서는 아무것도 원하지 않습니다.' 로이드 조지는 놀라면서 말했다. '그렇다면 당신이 국가에 귀중한 조력을 해주신 것에 대한 감사로서 우리들이 할 수 있는 일은 아무것도 없을까요?' 이에 바이츠만은 대담하게 말하였다. '있습니다. 나의 국민을 위해서 당신께서 한번 도와주십시오.' 그는 말을 이어 자기가 유태민족주의자라는 것, 따라서 대전 후에 팔레스타인이 유태인에게 조국으로서 반환될 것을 열망하고 있음을 설명했다.

로이드 조지는 깊은 감명을 받았으나 당장에는 유태인을 위해서 거의 아무것도 할 수 없었다. 그러나 그는 바이츠만의 업적과 희망에 관해 밸푸어와 의논했다. 밸푸어는 정치적인 문제뿐만 아니라 과학적인 일에도 깊은 흥미가 있었다. 곧 유태인의 학자와 외무장관은 밀접하게 제휴했다.

그러나 로이드 조지가 수상이 되기까지에는 거의 진전이 없었다. 로이드 조지 내각 아래에서 지도적인 유태인과의 오랜 절충이 되풀이된 이후 1917년에 유명한 밸푸어 선언이 승인되었다. 여기에는 이렇게 적혀 있다.

「폐하의 정부는 팔레스타인에 유태민족의 조국을 건설하는 것에 호의를 보내고 이 목적을 달성하기 위해서 최선의 노력을 다할 것이다」

이 선언은 다른 연합국의 양해를 거쳐 발표되었던 것이므로 각 연합국은 모두 그 후 얼마 안 가서 이 선언을 승인했다.

팔레스타인은 1차 세계대전 이전에는 터키의 영토였다. 대전에서는 터키가 영국과 연합국에 대항해서 전쟁을 했다. 1917년 말 중동의 영국군 사령관이었던 엘렘비 장군은 터키군을 공격해서 큰 승리를 거두었다. 그의 군대는 급속히 전진했기 때문에 터키군은 팔레스타인을 황폐화하거나 예루살렘을 약탈할 틈도 없이 곧 총퇴각했다. 그리하여 영국의 정치가들이 밸푸어 선언을 승인하고, 겨우 1주일 뒤 엘렘비는 상처가 없는 예루살렘에 승리의 입성을 하게 되었다. 연합국에 살고 있던 유태인들은 그제야 안전하게 그들의 조국을 찾아갈 수 있었다. 이리하여 바이츠만을 위원장으로 하는 영국 정부 공인의 유태인위 위원가 팔레스타인에 파견되었고, 선언으로 파생되는 여러 가지 일을 현지에서 처리하게 되었다.

초대 대통령 바이츠만

이리하여 서기 70년 이래 처음으로 팔레스타인에 유태인의 조국을 재건하는 데 유리한 사태가 전개되는 듯이 보였다. 1920년까지는 수천 명에 이르는 유태인들이 팔레스타인으로 이주했다. 토지의 개간이 진행되고 공업이 시작되었으며, 학교가 세워지고 대학이 설립되었다. 길은 평탄하지 못했으나 많은 불행한 사건 뒤에 유태인들은 1948년 드디어 팔레스타인에 새로운 국가를 세웠다. 그들은 이 나라를 이스라엘이라 이름 지었으며, 1949년 최초의 의회에서 바이츠만은 이스라엘 초대 대통령에 선출되었다. 이것이 그의 노력에 대한 빛나는 포상이었다.

로이드 조지는 밸푸어 선언을 결실하게 한 여러 절충 가운데 바이츠만이 이루어 놓은 역할을 매우 높이 평가하고 있다. 로이드 조지는 말한다. 「이 화학자는 찬란한 업적의 덕택으로 외무장관과 직접 접촉하게 되었고, 그리하여 이것이 협력의 시초이며 이것이 낳은 결과가 유명한 밸푸어 선언이며, 이 선언은 시오니즘 운동의 헌장(憲章)이 되었다. 따라서 바이츠만 박사는 과학적 발견에 의해서 우리들을 도와 전쟁에 이기게 했을 뿐 아니라 세계지도 위에 영원히 남을 마크를 만들었다」라고.

바이츠만의 공헌은 확실히 컸으나, 팔레스타인을 우리 민족에게 반환하라고 정부에 끊임없이 압력을 가한 중요한 유태인은 그 밖에도 많이 있었다. 또한, 한 과학자의 빛나는 업적에 보답하는 것 이외에 밸푸어 선언을 성립시킨 이유가 그 밖에도 많이 있었다. 대전 이전에도 소수의 영국 정치가들은 시오니즘에 동정을 표시했고, 로이드 조지 자신이 유태인을 뛰어난 민족이라고 존경하고 있었다. 이 동정은 전쟁 중 증대했다. 그뿐 아니라 1917년경 많은 연합국의 정치가들이 여러 중립국의 유태인, 특히 미국에 사는 많은 유태인으로부터 그들 자신의 전쟁에 지지를 얻어야 하는 필요성을 통감하고 있었다. 더욱이

바이츠만, 이스라엘 공화국 초대 대통령에 선출되다

로이드 조지나 그 밖의 영국 정치가들은 팔레스타인에 우호적인 유태인들이 정착하면 수에즈 운하의 입구의 안전을 확보하는 데 도움이 되리라고 믿고 있었다.

그러나 아세톤 제조문제에서의 바이츠만의 과학적 성공이 그에게 「궁전내의 벗」을 갖게 한 것은 의심할 여지가 없다. 그와 외무장관 밸푸어와의 친교는 이러한 이유로 유태인에게 있어서 매우 알맞은 시기에 싹텄으며 바이츠만은 이 기회를 솜씨 좋게 이용했다.

로이드 조지의 다음과 같은 말은 뛰어난 화학자이며 정치가이기도 한 유태인 바이츠만에 관한 이야기를 결말짓는 데 꼭 알맞을 것이다.

『시온의 재건이야말로 그가 구한 유일한 보수였고, 그의 이름은

이스라엘 어린이들과 읽는 사람들에게 용기를 북돋아 주는 이야기
속에서 느헤미야의 이름과 나란히 놓일 것이다」

21. 한 유태인 화학자, 고국에서 쫓겨나다

중요한 물질, 질산

앞 장에서는 어느 유태인 화학자가 1차 세계대전 중에 영국과 연합국을 위해서 공헌하고, 그 보수로서 조국을 광복한 이야기를 했다. 같은 대전에서 역시 한 사람의 유명한 유태인 화학자가 이번에는 독일의 전쟁을 도왔다. 그러나 그에게 주어진 궁극의 「보수」는 국외추방이었다. 이 이야기는 전쟁에 관련된 것이지만 우선 농업이라는 평화적인 일에서 시작한다.

성장하는 식물은 땅에서 여러 가지 물질을 빼앗는다. 따라서 논밭에 자연비료나 인조비료를 주어 빼앗긴 것을 보충해야 한다. 비료를 제조하기 위해서 질산이라 불리는 액체가 매년 다량으로 사용된다.

20세기 초까지 질산의 대부분은 질산칼륨이라 불리는 흰 고체로부터 만들어졌다. 이것은 남미의 여러 나라, 특히 칠레에서 많이 생산된다. 그러나 1898년 영국의 화학자 윌리엄 크룩스(Sir. William Crookes, 1832~1919)는 이 염(鹽)이 해마다 너무 많이 사용되므로 얼마 안가서 자원은 고갈되어 버릴 것이라고 경고했다. 그는 화학자들이 이 산(酸)을 만드는 새로운 방법을 발견하지 않으면 안 된다고 주장했다.

질산은 매우 중요한 물질이다. 농업에서 비료의 제조에 쓰이는 것 외에 화약의 원료로도 사용된다. 그러므로 두말할 것도 없이, 평소 질산을 제조하는 공장을 많이 보유한 나라는 일단 전쟁이 시작되면 곧 이것을 화약 제조로 전환할 수 있게 된다. 이와 같이 질산 공장이 이중으로 이용되는 의미에서도 질산을 만드는 새로운 방법은 한층 더 절실하게 추구되었다.

대부분의 유럽 국가에서 질산 제조공장은 남미에서 수입하는 다량의 원료에 의존하고 있었으므로 전쟁이 일어나면 곧 일거리가 없어져 버릴 수밖에 없었다. 왜냐하면 적이 그 나라의 항만을 봉쇄하고 해상에서 선박을 공격하면 질산칼륨의 공급은 대폭적으로 감소되어 버리기 때문이다.

하버, 공중질소고정법을 발견

1914년, 1차 세계대전이 일어나자 연합국 해군은 독일을 봉쇄해 남미로부터 질산칼륨의 공급을 중단했다. 앤트워프에서 한 척의 화물선을 붙잡았던 일과 독일 화학자들의 연구가 없었더라면 독일은 곧 화약이 절망적일 만큼 부족해졌을 것이다.

수 천 톤의 질산칼륨을 실은 배가 선전포고 직전, 벨기에 앤트워프 항의 부두에 들어와 있었다. 전쟁이 시작된 며칠 후 독일은 벨기에를 유린하여 앤트워프로 진격했는데, 이때 이 선박은 아직 질산칼륨을 가득 실은 채 부두에 있었다. 어떠한 이유인지는 알 수 없으나 당국은 이 선박을 해상에 내보내지도 않았고, 침몰시키지도 않았으며, 실었던 화물을 바다 속에 내던져 버리려고도 하지 않았다. 배는 매우 중요한 전시 필수품을 가득 실은 채로 항구에 남아 있었다. 어느 유명한 화학자는 만약 이 배를 손에 넣지 못했더라면 독일의 질산칼륨 저장고는 1915년 봄까지 바닥이 났을 것이라고 내다보았다.

대전이 시작되기 수년 전부터 독일이나 그 밖의 다른 나라의 화학자들은 공기 속에 있는 수많은 질소로부터 비료를 만드는 방법을 탐구하고 있었다. 1914년까지 세 가지 방법이 발견되었으나 이 이야기에서 말할 필요가 있는 것은 그 중 하나일 뿐이다.

그것은 독일 국적을 가진 유태인 양친 사이에 태어난 프리츠 하버(Fritz Haber, 1868~1934, 1909년 노벨화학상)가 발견한 방법이다.

하버는 주로 물과 공기를 사용하여, 외국에서 수입하는 원료에 전혀 의존하지 않고 비료*를 만드는 데 성공하고 있었다. 1914년까지 그는 실제로 비료를 제조하고 있었고, 이 공장은 쉽게 질산제조로 전환할 수 있었다. 그러나 생산되는 양은 당시 질산칼륨에서 만들고 있던 양에 비하면 매우 적었다.

전쟁이 시작되자 독일 지도자들은 하버의 질산제조법이 전쟁 수행에 커다란 중요성을 갖는다는 것에 동감하여 곧 새로운 공장을 많이 세웠다. 덕분에 1915년 여름, 독일은 다량의 질산을 생산할 수 있게 되었고 질산칼륨의 공급에 의존하는 상태에서 급속히 벗어날 수 있었다.

하버는 자기가 태어난 나라에 크게 봉사하였다. 독일의 지도자들은 그를 자기 나라에서 가장 뛰어난 화학자 중 한 사람이라고 생각했다.

독가스 개발

세계대전 초기부터 전쟁의 양상은 전혀 예상할 수 없는 방향으로 돌아가고 있었다. 전쟁이 시작되기 전 양쪽의 지도자들은

---

* 하버의 암모니아 합성은 1908년 성공한 것으로서 질소와 수소의 혼합 기체를 온도 450℃, 압력 200~1,000기압, 촉매 $Fe + Al_2O_3$ 조건에서 반응시켜 암모니아를 합성하는 것이다. $N_2 + 3H_2 \Leftrightarrow 2NH_3$

이번 전쟁은 보병과 기병이 국토의 넓은 범위에 걸쳐 행동하는 형태가 될 것이라고 예상했다. 그런데 최초의 몇 주간의 전쟁이 끝나자 전선은 한 자리에 머물고 참호전으로 발전했다. 새로운 전투방법이나 무기가 필요하게 됐다. 영국은 탱크를 발명했고, 독일은 독가스를 도입했다.

베를린의 육군성은 독가스 사용의 가능성을 연구할 것을 결정할 즈음 참호 안에 있는 군인 화학자들이 그 사용을 강력하게 주장하는 편지를 보내왔던 것에 크게 영향을 받았던 것 같다. 육군성은 베를린 대학의 네른스트 교수(Hermann Walther Nernst, 1864~1930, 물리화학과 열역학에 공헌하여 1920년 노벨화학상 수상)와 협의했고 그는 이 연구에 동의했다. 1914년 말경에 하버 교수는 이 연구를 돕기로 하였고 마침내 이 연구의 완전한 책임자가 되었다.

전쟁에 쓰이는 독가스의 종류는 많지 않았다. 그것에 알맞은 가스는 특별한 성질을 많이 갖고 있어야 했기 때문이다. 이상적으로 가스의 독성은 병사들을 즉사시키거나 혹은 곧 행동할 수 없을 만큼 강력해야 한다. 이 중 어느 것도 불가능하다면 적어도 일시적으로 병사들을 아주 형편없는 상태로 빠뜨려서 가스 마스크를 쓴 아군이 쉽게 해치워 버릴 수 있도록 해야 한다. 가스는 방출된 다음 2m 이상의 높이로 올라가 버리지 않도록 -이러한 높이에서는 인체에 아무 영향도 줄 수 없을 것이다-공기보다 무거워야만 한다. 가스가 무겁다는 것은 참호전에서는 중요한 성질이다. 왜냐하면 지면을 따라 흐르는 무거운 가스는 꼭 물이 흐르는 것처럼 참호나 대피호 속에 들어가서 고일 테니까.

이상적인 가스는 냄새나 색깔이 없고, 그 존재를 탐지하지 못하는 사이에 병사들의 생명을 빼앗아 버릴 수 있어야 할 것이다. 비에 녹거나 여름의 고온에서 분해되지 않는 것이 바람직하다. 더욱이 봉쇄된 나라 안에서도 손쉽게 구할 수 있는 재료에서 다량으로 생산되는 것이어야 한다. 끝으로 쉽게 수송할 수 있는 것이어야 한다.

하버와 그의 조수들은 실험적 연구를 진행시킨 결과 염소를 사용할 것을 권고했다. 이 가스에 착안한 인물이 그가 처음인지 어떤지는 알 수 없다. 하지만 하버가 염소의 사용을 지지하고, 전후에도 이것을 도입한 책임을 부인하려고 하지 않았던 것은 확실하다.

염소는 소금*에서 만들어진다. 소금은 독일에서 〈암염의 형태로〉 풍부하게 산출된다. 염소는 봄베(圓筒)에 넣어서 보관할 수 있으므로 수송하기가 용이하다. 이 가스는 공기보다 2.5배나 무거우므로 개인호, 참호, 대피호 속에도 가라앉을 것이다. 독성은 매우 세므로 소량으로도 사람을 죽이거나 적어도 오랫동안 행동할 수 없게 할 것이다. 그러나 염소는 황록색으로 강한 냄새를 내므로 그 존재를 쉽게 알아차릴 수 있다.

하버는 처음에 가스를 포탄에 넣어서 발사하는 것을 생각했으나 탄환케이스는 화학용만으로도 가득 차게 되므로 또 하나의 제안이 채택되었다. 그것은 바람이 연합군의 참호를 향해서 불고 있을 때를 노려서 가스를 봄베로부터 방출시키는 방법이었다.

---

* 소금물을 전기분해하면 (+)극에서 염소가 나오고 (−)극에서 수소와 수산화나트륨($NaOH$)이 생긴다.

1915년 하버는 아직 문관으로서 독일의 군인 사회에서는 높은 지위를 차지하지 못했다. 독일에는 징병제도가 있어서 하버는 모든 독일인과 마찬가지로 적령에 이르렀을 때 정해진 기간 군복무를 했으나, 장교가 되지 못한 채 하사관(중사)의 지위로 예비역에 편입됐다. 대전이 시작되기 25년 전의 일이었다. 1914년 이전에는 유태인이 프러시아 육군의 장교가 될 기회는 거의 없었다. 그러므로 그는 독일 장군들에게는 단지 민간인에 지나지 않았다. 더구나 유태인이기도 한 하버에게 상류계급 출신이자 귀족적인 독일 참모 본부의 지도자들이 많은 주의를 기울인다는 것은 기대할 수 없었다.

최초의 독가스 공격

몇 번이고 주저한 끝에 총사령부는 마지못해 하면서 독가스를 전선에서 시험 삼아 사용해 보는 데 동의했고, 이 시험을 위한 장소로서 이플의 돌출부를 선정했다. 최초의 공격의 계획과 지휘는 주로 하버에게 맡겨졌던 것 같다. 그에게 대규모의 군사작전의 경험은 없었지만.

압력이 가해진 염소 약 170톤이 약 5,700개의 봄베에 채워졌다. 봄베는 전선에 운반되어 길이 3.5마일의 선상에서 잇달아 파묻혔다. 가스를 방출하는 일을 맡은 병사들은 가스의 해를 입지 않도록 마스크를 쓰게 되어 있었다. 1915년 초에는 바람의 방향만 좋으면 언제라도 가스를 방출할 수 있는 준비가 이루어졌다.

가스는 1915년 4월 22일 영국군의 전선이 알제리로부터 온 프랑스 유색인(有色人) 부대가 지키는 전선과 연결되는 경계점을

최초의 독가스 공격

겨누어 방출되었다. 감시소의 병사는 푸르스름한 구름이 흰 연기와 더불어 약 1m의 높이로 다가오는 것을 보았다. 가스는 참호 속에 이르러 그 속에 가라앉았다. 공포에 가득 찬 절규가 일어났다. 처음에는 눈과 코와 목구멍이 쑤시고 아프기 시작했다. 몇 분도 지나지 않아 많은 병사가 심하게 기침을 하기 시작하고 이어서 피를 토했다. 병사들은 당황하여 소동을 벌였고 움직일 수 있는 사람들은 참호를 뛰어나가 후방으로 달려갔다.

곧 독일군은 공격을 시작하였다. 공격은 성공하였으며, 그날 많은 지점을 점령했다. 독일군은 7시 30분이 되자 정지하여 참호를 파고 이날 밤 동안 휴식했다. 그들은 알지 못했으나 이틀까지의 길은 탁 트인 채로 있었다. 그것은 연합군의 전선에서 5마일의 공백이 생겨 있었고, 독일군이 밤사이에 진격했더라면 그곳을 돌파했을 것이었다.

독일군이 정지한 사이에 영국군은 부대를 급파해서 이 공백을 메울 수 있었고, 다음날 독일군이 다시 전진하는 것을 막아낼 수 있었다. 그러나 이것은 연합군에게 있어서 참담한 시기였다. 5천 명의 병사가 살해되었고, 1만 5천 명이 가스에 중독됐으며 6천 명이 포로가 되었고, 57문의 대포와 50문의 기관총이 적의 손아귀에 떨어졌다.

영국에서 전국적으로 분노와 공포가 소용돌이쳤다. 그러나 영국 정부에 퍼부어졌던 비난은 주로 독일인들이 이처럼 새로운 공격방법을 준비하고 있다는 경고를 한 번도 아니고 여러 번을 받고 있었음에도, 이 죽음의 무기에 대해서 인명을 지킬 아무런 준비도 취하지 않았다는 점에 있었다. 이러한 경고는 주의를 받지 못한 채 그대로 매장되었던 것 같다.

연합군에게 있어 다행스러웠던 것은 폰 파르겐하인 장군의 지휘 하에 있던 독일군 총사령부가 이 새로운 전쟁수단의 가치를 인식할만한 공상이나 통찰력을 갖지 못했고 이것을 단순한 실험으로 보았다는 점이다. 이 실험이 증명될 때를 대비하여 가스를 충분히 저장하는 일도 하지 않았고, 새 무기를 위한 특별한 전술도 생각해 내지 않았던 것 같다. 어쨌든 전술상의 지령은 아무것도 전달되지 않았다. 그러나 독일군 사령관들이 독가스의 사용에 열중하지 않았던 것은 그 성패가 풍향에 의존하고 있으며 더욱이 프란틀에서는 바람의 상태가 매우 불확실한 요소였으므로 알맞은 기회를 기다리기 위해 부대를 오랫동안 한 곳에 못 박아 두지 않으면 안 되었기 때문이라고도 한다.

그 의의와 영향

이 이야기에는 재미있는 문제가 많이 나타나 있다. 이것은 새로운 전쟁 무기를 처음으로 대규모로 사용한 경우를 다룬다. 20세기 초의 병사들은 이 신무기의 사용에 대해서 맹렬하게 항의했다. 마치 옛날의 기사들이 신무기인 화약이 자신들을 향해서 쓰였을 때 항의한 것과 마찬가지다(4장 참조). 또 이 점에서 말하면 1945년 원자폭탄이 처음으로 사용되었을 때 항의의 소용돌이가 일어났던 것과 마찬가지다.

이 이야기는 또한 독일군의 전략가들이 가스가 처음으로 방출된 1915년 4월 그날 밤에, 주어진 절호의 기호를 이용할 준비를 전혀 하지 않았다는 점을 폭로한다. 분명히 그들은 이 새로운 화학적 방법에 커다란 신뢰를 느끼지 않았다. 그들은 깨닫지 못했으나 사실은 얼마 안가서 전선에 출현한 영국의 탱크에 못지않은 기습용 무기를 갖게 된 것이었다. 독일군과 연합군의 그 어느 쪽 군 지도자들도 이러한 두 개의 과학적 무기를 처음으로 사용하면서 기습전의 가치를 전혀 깨닫지 못했던 점은 매우 주목할 만하다.

그리고 이것만이 독일군의 유일한 과오는 아니었다. 독가스 무기를 도입함으로써 그들은 그들 자신의 목을 자르는 길로 나아가고 있었던 것이다.

독가스 구름의 사용은 그들에게 있어서 언제나 이익만이 되는 것은 절대로 아니었다. 프란틀에서는 1년 중 대부분의 바람이 연합군의 참호로부터 독일군의 전선을 향해서 불고 있었기 때문이다.

따라서 이러한 바람은 독가스 사용의 이익을 연합군 측에 줄

망정 독일군에게는 오히려 불리했다.

이 이야기에서 또 하나 재미있는 점은 하버가 독일의 군인 사회에서 믿기 어려울 만큼 출세를 한 일이다. 그는 곧 신설된 육군 화학부장의 지위에 올랐고, 프로이센 왕국 대령에 임명됐다. 그는 육군상과 육군원수인 힌덴부르크와 루텐도르프로부터 직접 명령을 받았다. 순수한 독일인의 혈통이라 해도 예비역 하사관의 위치에서 단번에 그와 같이 높은 자리로 올라간 사람은 거의 없다.

대전 후 연합군의 많은 사람은 하버를 증오의 눈길로 보았고 인류에 대해서 용서할 수 없는 죄를 저질렀다고 비난했다.

추방과 죽음

하버에 관해서는 비참한 후일담이 있다. 독일이 1918년 패배한 다음부터 한참 동안 모든 독일인은 괴로운 나날이 계속되었다. 그러나 하버는 차차 젊은 과학자들을 모아 수년 후에는 과학자들이 활발하게 연구에 종사하는 큰 연구소의 소장이 되었다. 1930년경 과학상의 다른 많은 눈부신 발견으로 세계적인 명성을 얻었다. 조국에 대한 전쟁과 전쟁 후의 업적에 대해서 독일인으로부터 여러 가지 명예와 포상이 주어졌다. 그의 장래는 보증된 것처럼 보였다.

이윽고 1930년대 초 히틀러 지도하의 나치 독일이 정권을 잡았다. 히틀러의 목표는 통합국가를 만드는 것이었다. 그는 독일인이야말로 세계의 주인이 될 민족이라고 가르쳤다. 여러 가지 수단으로 애국심을 고취했는데 그 하나는 소위 순게르만(아리안인) 인종이 아닌 모든 사람을 향해 인종적인 증오를 자극하는 일이었다. 특히 유태인이 이 인종적 증오의 희생이 되었다.

　유태인들은 상상조차 할 수 없는 온갖 방법으로 박해와 학대를 받았고, 1934년경까지 수많은 사람이 국외로 도망치지 않을 수 없었다. 남아있던 부유한 사람들 중 많은 사람이 투옥되었고, 그들의 전 재산이 몰수되었다. 하버는 1930년대 초기에는 얼마 동안 이 가혹한 취급에 항의했으나 이윽고 위대한 독일의 화학자, 독일의 군인, 독일의 애국자가 아닌 〈유태인 하버〉에 지나지 않는 사람이 되었다. 나치 독일은 그가 조국에 대해서 이루어 놓은 공헌에 대해서 아무런 감사의 뜻도 갖지 않았다. 그는 추방자가 되었고 더는 독일에 살 수 없게 되었다.

　다른 많은 유태인과 마찬가지로 그도 외국에 피난처를 구했다. 하버는 환자가 되어 스위스의 어느 요양소에 들어갔다. 이어서 영국도 그에게 주거를 제공하고 케임브리지에 초청하여 살게 하였다. 그는 한때 이곳 케임브리지대학의 화학연구소에서 후대를 받았다. 그러나 그 이전의 몇 해 동안의 긴장은 그에게 너무나 가혹했다.

　1934년 1월 스위스 바젤에서 심장발작으로 사망했다.

22. 연금술—300년마다의 사건

연금술(鍊金術)은 중세의 〈화학〉이라고 할 수 있다. 연금술사의 대부분은 수은이나 납과 같은 비금속(非金屬)을 금이나 은으로 바꾸는 데 노력을 집중했다. 아주 옛날부터 땅 속에 파묻혀 있는 금이나 은은 더 비천한 금속으로부터 몇 천 년이나 걸려서 점점 〈성장〉한 것이라는 신앙이 있었다. 연금술사들은 실험실 속에서 이 성장과정을 빠르게 해보려고 애썼던 것이다.

그 중 많은 사람은 이 과제를 진지하게 연구하여 화학지식의 발전에 귀중한 공헌을 했다. 일부 연금술사들은 불로장수의 약을 찾아내려고 노력했다. 이것을 마시면 모든 병이 낫고 오랜 수명이 보장되는 만능의 약이었다. 그러난 연금술사 중에는 진짜 나쁜 사람도 있었다.

실제로 대부분의 연금술사가 취한 방법은 천한 금속에 섞으면 금이 되는 특별한 것을 찾아내는 일이었다. 이것은 〈철학자의 돌(Philosopher's Stone)〉이라고 이름 지어졌다. 그리하여 금이 최후로 만들어지는 과정은 변환이라고 불렸다.

연금술에 관한 이야기는 매우 많으나, 여기에서는 300년을 간격으로 일어났던 3개의 사건을 골랐다. 비금속에서 금을 만들어낸다는 신앙이 그치지 않고 오늘날까지 일부 사람들이 믿고 있다는 것을 실례를 들어 밝히고 싶기 때문이다. 처음 이야기는 1329년에 일어났던 사건에 관한 것이고, 두 번째는 약 300년 후에 이루어졌던 실험이다. 맨 나중 것은 주로 전국적인 신문기사에서 뽑은 해설로서 1929년(첫 이야기의 사건으로부터 꼭 600년 후)에 체포된 한 연금술사의 재판을 다룬다.

중세 연금술사의 실험실

에드워드 3세와 라이문두스 룰루스

1329년에 영국을 통치했던 사람은 에드워드 3세였다. 당시 대부분의 전체 군주가 그랬듯이 그도 언제나 금에 쪼들리고 있었다. 이 해에 그는 신기할 만큼 쉽게 금을 손에 넣을 수 있는 방법이 있다는 것을 듣고 다음과 같이 명령했다.

『모두에게 이르노라. 존 와우즈와 윌리엄 돌비가 연금술을 사용하여 은을 만드는 방법을 알고 있으며, 이전에 그것을 만들었고 지금도 만들고 있다는 것이 확실하다고 한다. 이 사람들이 귀금속을 만들어 짐과 짐의 왕국에 이익을 가져올 수 있다는 것을 고려해서 짐은 총애하는 윌리엄 케어리에게 명하노라. 앞서 말한 존과 윌리엄을 찾아내는 즉시 체포해서 그자들이 사용했던 연장 모두와 함께 안전하고 확실하게 짐에게로 데려오도록 하라」

그의 충신 윌리엄은 자신과 같은 이름의 윌리엄이나 존, 그 누구도 찾을 수가 없었다. 그들에 관해서는 그 이후 아무 기록도 남아 있지 않다.

웨스트민스터 사원의 원장으로 베네딕트회의 일원이었던 존 클레머에 의하면 이 영국 왕은 또 한 사람의 연금술사, 고명한 라이문두스 룰루스(Raymundus Lullus)에게서 또다시 실망을 맛보았다고 한다.

룰루스는 1235년경 태어난 스페인의 귀족으로 훗날 프란체스코회의 수도승이 되어 이름을 떨쳤다. 그는 철학자의 돌, 즉 「콩알 크기의 귀중한 한 모금의 약」을 갖고 있어서 이것을 사용하여 수은을 광산에서 캐내는 금보다 더 순순한 금으로 바꿀 수 있다고 주장했다.

이 연금술사의 평판은 너무나 높았으므로 많은 사람이 그를 믿었다. 그는 많은 나라를 방문했다고 하나 영국 방문에 관한 다음의 기록은 클레머의 〈유언장〉 속에서 발췌한 것이다.

「나는 우리 고귀한 스승을 국왕 에드워드 폐하에게 소개했다. 폐하는 그를 다정하고 정중하게 맞았고, 그에게서 왕 자신이 십자군을 지휘해서 터키인과 싸우고 또한 앞으로는 다른 기독교국과 싸우지 않는다는 조건으로 막대한 부를 부여하겠다는 약속을 받았다. 그러나 안타깝게도 이 약속은 실현되지 않았다. 왜냐하면 왕은 어리석게도 계약 중 자신에 관한 부분을 위배했으므로 우리 친애하는 스승은 마음에 슬픔과 탄식을 품은 채 바다를 건너 도망치지 않을 수 없게 되었다」

룰루스의 영국 방문이라고 일컬어지는 것에는 몇 개의 다른 설이 있다. 어떤 사람은 그가 에드워드 3세의 시대에 왔다고 하고, 어떤 사람은 훨씬 이전인 에드워드 2세가 왕위에 있던 1312년이라고 한다.

한편 처음부터 그가 왔었는지를 의심하는 사람도 있다. 룰루스는 영국 체재 중 웨스트민스터 사원의 수도승의 방이나 런던탑에 머물렀다고 한다. 많은 기록에 의하면 그는 철, 수은, 납으로부터 600만 파운드의 값어치가 있는 금을 만드는 데 성공했다. 소문에 따르면 이 금의 일부는 속된 말로 〈라몬 금화〉라 불리는 금화를 만드는 데 쓰였다고 한다(전설에 의하면 몇 개의 금화는 수백 년 뒤에도 남아 있었다고 한다). 또 왕이 그와의 약속을 깨뜨리고 기독교국 프랑스와 전쟁을 시작했을 때 룰루스는 변장하고 영국으로 도망쳤으나 그 뒤 오랫동안 룰루스가 살았던 방의 마루 위에 금가루가 남아 있었다고 한다.

존과 윌리엄을 체포하려고 했던 것은 사실이다. 왜냐하면 그들을 체포하라는 명령이 1329년 특허장 문서에 남아있기 때문이다. 그러나 웨스트민스터 사원장 클레머가 룰루스에 관해서 말한 이야기는 오늘날 믿을 수 없게 되었다. 에드워드 왕 2세와 3세 어느 쪽에도 존 클레머라는 이름의 웨스트민스터 사원장이 있었던 실례가 없었던 것 같고, 따라서 이 이야기가 말하고 있는 클레머의 〈유언장〉은 위조라 생각한다. 그러나 많은 저자는 룰루스가 실제로 영국을 방문하여 금화를 만드는 데 도움을 주었다고 믿고 있다. 한 가지 설에 의하면 에드워드가 금을 손에 넣은 것은 양털에 세금을 부과하라는 룰루스의 충고에 따랐기 때문으로서—이 세금으로 왕의 금고에 수천 파운드가 굴러

들어왔다—철학자의 돌을 사용했기 때문은 아니라고 한다.

의사 헤베티우스와 화가 엘리아스

이로부터 300년이 지난 1666년 12월 27일, 화가 엘리아스라고 자칭하는 낯선 사람이 존 프레드릭 헬베티우스가 있는 곳으로 찾아왔다. 헬베티우스는 네덜란드의 하크에서 궁정의사로서 오랑주공에게 봉직하고 있었다. 오랑주공은 이후 〈명예혁명〉으로 영국 왕 윌리엄 3세가 된 인물이다.

이때의 방문과 그 결과가 사건 얼마 후에 쓰인 책 속에 언급되고 있다. 이 책의 제목은 다음과 같이 화려했다.

『황금의 송아지. 금속의 변환에 있어 매우 희소한 자연의 기적. 즉 하크에서 한 덩어리의 납이 우리들의 돌에 작은 알맹이를 넣음으로써 갑자기 금으로 변했다는 것』(그 당시 책에 이러한 긴 제목을 붙이는 일은 흔했다)

저자는 말한다. 첫 대면의 인사니 무어니 해서 서두의 대화가 나누어진 다음 엘리아스는 주머니에서 상아로 된 상자를 끄집어냈다. 그 속에는 유리와 같은 물질의 부서진 조각이 3개 들어 있었다. '색은 노랗고 크기는 호두 정도였다.' 그는 이것을 철학자의 돌 조각이라고 말했다.

엘리아스는 헬베티우스에게 이 조각 한 개를 손에 쥐고 살펴보라고 말했다. 다음에 그는 헬베티우스에게 다섯 장의 커다란 금판을 보이고 자기가 철학자의 돌을 사용해서 얻은 금으로 만든 것이라고 말했다. 다시 오겠다고 약속하면서 가 버렸다.

몇 주일 지난 다음에 엘리아스는 돌아와서 헬베티우스에게 「채소의 씨만큼 작은 알맹이」를 건네주면서 이렇게 말했다. '왕

〈철학자의 돌〉을 보이는 화가 엘리아스

후라 할지라도 본 일이 없는 진귀한 보물을 드립니다.' 헬베티
우스는 이런 작은 조각으로는 아무 소용도 없다고 대답했다.
그랬더니 엘리아스는 손톱으로 이것을 두 개로 쪼개서 한 조각
을 불 속에 던져 넣고 나머지 한 조각을 푸른 종이에 싸서 '당
신에게는 이것으로 충분하다'고 말하면서 헬리티우스에게 건네
주었다. 헬베티우스는 엘리아스가 하는 방법을 가르쳐 준다면
내일 이것을 사용해서 실험을 해보고 싶다고 말했다.

  엘리아스는 이렇게 가르쳤다. 이 돌을 황색의 왁스(蠟)*로 싸
서 녹은 납(鈉) 속에 넣어라. 그 다음 엘리아스는 다음날 다시
온다고 약속하면서 가버렸다. 이튿날이 되었으나 엘리아스는
오지 않았다. 그리하여 헬베티우스는 아내의 도움을 받아 스스
로 실험해보기로 했다.

---

* Wax. 고급 지방산과 고급 1가 알코올의 에스테르를 말한다.

반 온스의 납을 도가니 속에서 녹이고 이 사이에 부인은 귀중한 돌을 왁스로 쌌다. 납이 녹자 그는 왁스로 싼 돌을 그 속에 던져 넣었다. 곧 쉬쉬 소리가 나면서 거품이 나오고 15분이 지난 후 납 전체가 금으로 변했다. 그들은 매우 기뻤다. 그 다음에 일어난 일을 헬베티우스 자신의 말에서 알아보자.

『나와 그곳에 있던 모든 사람은 놀라서 황급하게 금세공사가 있는 곳으로 뛰어갔다. 금세공사는 이리저리 자세히 살피고 나서 이것은 최상급의 금이라고 판정했다. 그는 세계 어느 곳을 찾아보아도 이보다 더 좋은 금을 찾을 수 없을 것이라고 말하면서 이 금이라면 1온스 당 50플로린*을 내놓아도 좋다고 덧붙였다』

헬베티우스는 오랑주공이나 부하들로부터 매우 존경을 받던 사람이었으며, 그 자신이 정말로 납을 금으로 바꾸었다고 믿었던 것은 의심할 수 없다. 그러나 화가 엘리아스에 의해서 만들어진 금에 관한 기록은 하나도 없으므로 이 이야기는 오늘날에는 믿어지지 않고 있다.

사기를 당한 장군 루텐도르프

이후 300년 동안 우리의 화학 지식은 굉장히 진보했으나 한편으로 20세기에 접어들어서까지 비금속을 금으로 바꿀 수 있다고 믿는 사람들이 있었다. 그 예를 다음 이야기로 소개한다.

1925년 프란츠 타우젠트(Franz Tausend)라는 독일인이 비금속을 금으로 바꾸는 데 성공했다고 공표했다. 그는 이것을 변환과 아무런 관계도 없는 실험을 하고 있을 때 우연히 일어난

* Florin. 1849년 이래 영국에서 쓰이는 2실링 은화. 에드워드 3세 (1312~1377) 당시의 플로린 금화는 6실링에 해당한다.

폭발 덕분이라고 했다. 타우젠트는 자신의 이론은 금이 땅속에서 자연히 진행되지만, 비금속에서부터 매우 느리게 성장한다는 고대인의 신앙을 기초로 한다고 말했다. 그는 몇 십만 년에 걸려서 달성하는 것을 몇 시간 동안에 해낼 수 있다고 주장했던 것이다.

타우젠트는 이 놀랄 만한 소식을 가지고 뮌헨 조폐국의 전문가들에게 접근했는데 그들은 상대해 주지 않았다. 1차 세계대전에서 독일 최고의 장군 중 한 사람이자 훗날 국회의원에 선출된 루텐도르프(Lutendorf, 1865~1937)와 접촉하게 되었다.

루텐도르프는 타우젠트의 주장을 조사하기로 하고 자신의 의붓아들에게 명하여 조사를 돕게 했다. 2년 뒤에 의붓아들은 타우젠트의 주장을 조사하던 중 실제로 타우젠트가 변환의 비밀을 발견했다고 선언했다. 그는 엄중한 감시 하에서 이루어진 40~50번의 실험에 참석하였으나 대부분의 실험에서 타우젠트는 바늘대가리 만큼의 금 조각을 얻을 수 있었다고 말했다.

의붓아들은 타우젠트는 금을 만드는 과정 일부를 그에게 보여 주었으나 맨 나중 단계만은 보여주지 않았다고 증언했다. 그럼에도 타우젠트가 없는 사이에 이루어진 몇 개의 실험도 매우 만족할만한 결과를 가져온 것 같다고 덧붙였다. 그는 1927년에 사기의 가능성은 없다고 단언했다.

처음 얼마동안 루텐도르프 장군은 극도로 회의적이어서 끊임없이 실험을 되풀이할 것을 요구했다. 그러나 조사 결과를 보고받고 나서는 타우젠트가 아주 옛날부터의 비밀을 발견한 것이라고 믿었다. 그의 법정 대리인에게 지시해서 이 방법을 개발하기 위한 회사를 설립하게 했다.

이 회사의 주주 대부분은 장군과 밀접한 관계가 있는 사람들로 독일의 지도계급이나 귀족들이 많이 포함되어 있었다. 이렇게 명사들이 많았던 것은 단지 자신들을 위해서 큰 금을 만들고 싶다는 욕심뿐 아니라, 자본주의의 지배를 쳐부수기 위한 것이었다고 훗날 일컬어지고 있다. 이때 독일이 재정상 매우 곤란한 상황에 처해 있었고, 주주들은 금의 가치가 저하되면 독일의 경제 상태는 크게 개선될 것이라고 믿었기 때문이다. 따라서 회사가 기대하는 이익의 75%가 「애국적 목적을 위해서」 루텐도르프 장군에게 주어지고, 20%가 주주에게 배당되며, 나머지 5%가 타우젠트의 보수가 되도록 했다.

1928년이 되자 타우젠트는 타우젠트 남작이라고 자칭하면서, 궁전과 같은 저택에 살며, 회사의 자본에 의지해 생활을 즐기고 있었다. 그러나 이 호사스러운 생활은 오래 지속되지 못했다. 1929년 말에 그는 사기 혐의로 체포되었다.

재판은 1931년 1월 뮌헨에서 시작되었다. 먼저 회사의 설립에 이르기까지의 경위에 관해서 증언이 모였다. 이 이야기에서 지금까지 말한 것 이외에도 여러 증언이 나왔다. 어떤 함부르크 공장 주인은 법정에서 바늘대가리 만한 금 조각을 제출하면서 타우젠트가 만들었다고 주장하는 것은 바로 이것이라고 말했다. 독일은행의 한 이사는 법정에서 역시 타우젠트가 만들었다고 주장하는 집오리의 알 만한 금덩어리를 보았다고 말했다. 또 타우젠트의 비서는 타우젠트가 어떤 실험에서 분명히 20g의 금을 만든 것을 보았다고 말하고, '그 금을 보았을 때 전율이 등골을 스쳤다'고 단언했다.

타우젠트가 다른 사람들에게도 변환으로 만들었다고 일컫는 금 조각을 보여 주었다고 하는 증언도 나왔다. 과거 그 회사에 고용되었던 한 사람은 어느 때 실험실의 그릇장 속에 금가루가 꽉 찬 시험관이 있는 것을 보았는데, 타우젠트는 이 금은 변환 과정에서 사용하는 것으로서 새로운 재료에 금을 소량 가하면 변환이 매우 촉진된다고 설명했다고 증언하였다.

다음에 화학전문가가 증인으로 불려 나왔다. 그들은 모두 자신들이 보는 앞에서 한 실험에서는 타우젠트가 금을 만들 수 없었다고 증언했다.

전문가 증인 중 한 사람인 조폐국의 한 이사는 법정에서 이렇게 말했다. 그는 타우젠트가 실험을 하는 것을 관찰했는데 한 눈에 보기에도 잘 되어가서 실험이 끝났을 때 용해 도가니 속에 금이 있는 것을 보고 매우 놀랐다. 그는 뒤에 이르러 타우젠트가 금으로 된 펜촉이 붙은 만년필을 갖고 있었던 것을 생각하고는 회의적으로 되었다고 덧붙여 이야기했다. 그리하여 이 실험에서 타우젠트가 만든 금을 분석해 보았더니, 그것은 만년필의 금 펜촉의 제조에 쓰이는 합금과 같은 합금이었다.

타우젠트는 유죄로 판결되어 3년 8개월의 금고형을 선고받았다. 또한 재판 비용을 지급할 것을 명령받고 그의 실험실에 있었던 재료와 얼마쯤의 금도 포함해서 모두 몰수되었다. 재판장은 이 선고는 엄청난 사기로 막대한 액수의 돈을 번 것을 고려하면 가벼운 형량이라고 말했다. 그러나 법정은 비교적 가벼운 처벌을 내려도 지장이 없었던 것 같다. 돈을 잃은 사람들은 손쉬운 방법으로 큰 재산을 마련할 수 있다는 매우 달콤한 이야기를 너무 가볍게 믿어버린 것에 지나지 않았기 때문이다.

가능해진 원소의 변환

타우젠트가 많은 유명한 사람을 호락호락 속였던 이야기와 관련해서 다음의 사실을 부연하고 싶다. 원자의 연구가 진전된 결과로 일종의 변환이 불가능한 것은 아니라는 사실이 밝혀졌다. 타우젠트가 처음으로 자기의 설득력을 발휘하기 시작한 1925년보다 훨씬 앞서 과학자들은 원자는 분할되지 않는다는 고대의 이론을 버리고 있었다. 1896년 방사능이 발견되면서부터 몇몇 원소의 원자는 자연의 과정에서 저절로 변환하는 것이 알려졌다. 그리하여 1920년까지 러더퍼드(Ernest Rutherford, 1871~1937)는 자연의 원천에서 얻은 입자를 원자에 힘차게 때려서 쪼개는 것에 성공했다.

따라서 달콤한 이야기를 지껄이는 악한들은 1896년 이전보다도 1925년 쪽이 오히려 사람들에게 믿어지기 쉬웠다. 재미있는 일로는 1932년 타우젠트가 금고형에 처해있는 동안 케임브리지의 두 과학자, 콕크로프트(Sir. John Douglas Cockoft, 1897~1967)와 월튼(Ernest Thomas Sinton walton, 1903~1995)이 실험실 속에서 인공적으로 가속한 입자를 사용해서 원자를 쪼개는 것에 성공하였다. 또 1932년 이후 많은 물리학자가 원자의 본질과 성질을 진지하게 연구해서 커다란 성과를 거두었으므로, 오늘날에는 다수의 원소의 원자를 쪼개는 것이 가능하게 되어 원소의 변환은 거의 다반사(茶飯事)처럼 되었다. 그러나 연금술사의 목표—비금속을 실용적인 규모로 금으로 변환시키는 것—를 성취한 사람은 아직 없다.

역자후기

오늘날 과학은 여러 가지로 그 내용이 전문화되고 세분화되었다. 따라서 과학에 대한 관심을 일깨워 주고, 과학교육의 내용을 보다 알차게 꾸미고, 효과 면에서 지지하게 검토해야 할 필요성을 느낀다.

일반적으로 과학적인 업적의 연대순 나열이나 이론과 원리의 설명만으로 과학지식의 전달이 끝났다고 속단하거나 만족하는 풍토에서는, 참다운 의미의 과학교육이나 과학지식의 계몽이나 보급이 소기의 목적을 달성했다고 할 수 없을 것이다.

이 책에서는 재미있는 과학사(科學史)의 이야기들을 과학기술사(科學技術史)의 커다란 흐름 속에서 파악하고 종래의 전설들을 여러 가지 참고문헌을 통해서 확실한 자료에 근거를 두고 비판하였다.

저자가 머리말에서도 밝힌 바와 같이 이 책은 40년이라는 긴 시간 동안 과학사의 교육적 내용을 풍부하게 하려고 과학기술사 중에서 재미있는 이야기, 놀랄만한 이야기를 비롯한 뜻밖의 발견이나 발명들을 사항별로 모아 설명한 것이다.

과학적인 사고방식을 키워주고 과학적인 연구방법의 정도를 밝혀주는 면에서도 원리나 학설의 내용을 그 성립 발전과정을 통해서 깊이 이해시키는 것은 매우 바람직한 일이라 하겠다.

이 책은 이러한 목적에 매우 유익할 것이라 확신한다. 끝으로 그동안 교정을 보느라고 애써 준 민경찬 조교에게 감사의 뜻을 표하는 바이다.

박택규

과학사의 뒷얘기 1
화학

초판 1쇄 1973년 02월 25일
개정 1쇄 2020년 04월 21일

지은이 A. 셧클리프 · A. P. D. 셧클리프
옮긴이 박택규
펴낸이 손영일
펴낸곳 전파과학사
주소 서울시 서대문구 증가로 18, 204호
등록 1956. 7. 23. 등록 제10-89호
전화 (02)333-8877(8855)
FAX (02)334-8092
홈페이지 www.s-wave.co.kr
E-mail chonpa2@hanmail.net
공식블로그 http://blog.naver.com/siencia

ISBN 978-89-7044-000-0 (03430)
파본은 구입처에서 교환해 드립니다.
정가는 커버에 표시되어 있습니다.

도서목록
현대과학신서

도서목록
BLUE BACKS